BORIS THOMAS

# TEILE DIE WOLKEN UND FINDE DEN WEG

## FÜNF SCHRITTE ZUM ERFOLG DURCH KLARHEIT

CAMPUS VERLAG

FRANKFURT/NEW YORK

ISBN 978-3-593-51479-6 Print
ISBN 978-3-593-44870-1 E-Book (PDF)
ISBN 978-3-593-44871-8 E-Book (EPUB)

Umschlaggestaltung: total italic, Thierry Wijnberg, Amsterdam/Berlin
Umschlagmotiv: © Shutterstock/asharkyu (Papieren Hintergrund),
Shutterstock/Dimec (Kreis)
Satz: Publikations Atelier, Dreieich
Gesetzt aus: Minion und Avenir
Druck und Bindung: Beltz Grafische Betriebe GmbH, Bad Langensalza
Beltz Grafische Betriebe sind ein klimaneutrales Unternehmen
(ID 15985-2104-1001).
Printed in Germany

www.campus.de

# INHALT

*Ich widme dieses Buch meinen Eltern,*
*Marianne und Wilfried Thomas.*
*Ihr wart für mich da, wenn ihr gebraucht wurdet,*
*habt mein Leben begleitet in allen Phasen –*
*Höhen wie Tiefen.*
*Ihr habt so viel gegeben und aufgebaut.*
*Ohne euch wäre ich nicht da,*
*wo ich heute bin.*
*Ich danke euch von Herzen.*

# VORWORT

»Teile die Wolken und finde den Weg« – eine Kalligrafie dieses Grundsatzes von dem berühmten Karatemeister Funakoshi Gichin (1868–1957) hängt schon seit über zwanzig Jahren über meinem Schreibtisch. Diese Weisheit war für mich immer ein Leitmotiv und eine tiefe Sehnsucht, sowohl bei meiner Arbeit als Unternehmer und Führungskraft als auch im Privatleben.

Je schneller sich unsere Welt zu drehen und je lauter sie zu werden scheint, je mehr Benachrichtigungen rund um die Uhr auf uns einprasseln, desto mehr erwächst in uns der Wunsch nach Stille und Eindeutigkeit. In zahllosen Gesprächen habe ich immer wieder den Satz gehört: »Ich weiß überhaupt nicht mehr, wohin mein Leben steuert – geschweige denn die ganze Welt!« Es ist diese Suche nach innerer und äußerer Klarheit in diesem Chaos, die viele Menschen gerade jetzt umtreibt. Bei mir im Unternehmen, aber auch in meinem Umfeld wächst das Gefühl, dass wir unser eigenes Leben kaum mehr selbstbestimmt in der Hand haben. So geht es vielen Menschen heutzutage – wir haben Schwierigkeiten, in einer Welt der Widersprüche endlich wieder Klarheit zu finden, weil im übertragenen Sinn unzählige Wolken uns die klare Sicht auf den Himmel, also auf unsere Gegenwart, aber auch unsere Zukunft versperren.

Doch wie erlangen wir Klarheit? Diese Frage hat mich nie losgelassen, und ich habe versucht, auf verschiedenen Ebenen Antworten darauf zu finden. In mir wuchs der Wunsch nach mehr Gegenwärtigkeit, endlich einmal im Hier und Jetzt anzukommen, ohne mit dem Kopf gleich wieder ganz woanders zu sein. Eine Sehnsucht, die Tiefe des Lebens wieder neu wahrzunehmen und andere Menschen mit Klarheit und Ausrichtung zu inspirieren. Die Antworten, die ich gefunden habe, bilden das Fundament dieses Buchs. Es sind meine ganz persönlichen Ideen, Gedanken und Erfahrungen. Sie waren und sind meine Wegbegleiter für mehr Klarheit im Leben und für weniger Stress, Frust oder Erstarrung. Es ist daher ein sehr persönliches Buch für mich, denn es beinhaltet all das, was meine Persönlichkeitsentwicklung unterstützt und mich über viele Jahre in der Führung und beim Arbeiten inspiriert hat.

Für mich ist es die größte Herausforderung, im Chaos unserer Zeit immer wieder meinen Weg zu finden. Unzählige Male musste ich aus einem Dickicht der verwirrenden Informationen und Gedanken neue Klarheit in mir selbst finden, und oft genug habe ich erlebt, dass Projekte nicht richtig von der Stelle kamen und der Erfolg am Ende ausblieb, wenn ich aus einer unklaren Situation heraus erst einmal Vollgas gegeben hatte. Meine Verwirrung transportierte sich in mein Umfeld, egal ob beruflich oder privat. Unsicherheit und Unklarheit sind ansteckend, das habe ich über die Jahre gelernt. Das Gute daran ist: Umgekehrt gilt dasselbe. Wenn ich klar denke, mutig entscheide und entschlossen handle, überträgt sich diese Gewissheit auf Kollegen, Mitarbeiter und Kunden bis hin zu meinen Freunden und meiner Familie. Über die Jahre hat sich so ein Kompass für Klarheit herauskristallisiert, dem fünf »Wolkenteiler« zugrunde liegen, also Perspektiven, an denen ich mich stets ausrichte, weil ich sie für unumgänglich halte, um zu Klarheit zu gelangen.

Es ist mein tiefer Wunsch, Sie mit *Teile die Wolken und finde den Weg* zu inspirieren und zu ermutigen, mehr Klarheit in Ihr Leben zu bringen. In diesem Sinne möchte ich Impulse für uns als Gesellschaft geben, für mehr Tiefgang und Ausrichtung. Fest steht allerdings, dass wir uns einer absoluten Klarheit lediglich annähern können, sie jedoch nie erreichen werden – genauso wie wir in unsicheren Zeiten niemals vollständige Kontrolle erlangen oder wie die Suche des Menschen nach der absoluten Wahrheit niemals endet. Wir können nur danach streben und unser Bestes tun. Es ist eine schier unendliche Reise, auf die wir uns begeben. Doch auch hier hilft uns die Weisheit des alten Chinas weiter: »Jede Reise beginnt mit dem ersten Schritt.« Diesem ersten Schritt ist dieses Buch gewidmet.

Mein flammender Appell ist, dass Sie den Kompass für Klarheit als Chance begreifen. Das Ziel, Ihr Leben leichter und erfolgreicher zu gestalten, können Sie auf diese Weise erreichen. Ich kann das so klar sagen, weil ich weiß, dass es funktioniert! Ich habe in den vergangenen Jahrzehnten viele positive Erfahrungen damit gesammelt. Also, starten Sie Ihre individuelle Reise auf dem Weg zu mehr Klarheit, und beginnen Sie am besten noch heute mit dem ersten Wolkenteiler!

# EINSTIMMUNG

»Nicht der Wind, sondern die Segel
bestimmen deine Richtung.«

Chinesisches Sprichwort

Was ist das nur für eine Welt geworden? Was für ein Durcheinander ist das? Sicher geglaubte Überzeugungen geraten ins Wanken. Wir müssen permanent Denkgrenzen verschieben, Geschäftsmodelle überdenken und manchmal sogar ad acta legen. Unsere Welt scheint von Unklarheit beherrscht zu sein. Es ist eine Welt, in der Menschen sich nicht mehr zurechtfinden und sich auf vielen Ebenen ihres Lebens fragen: »Wo finde ich Halt? Wo ist mein Platz in all diesem Chaos? Wo geht's hier eigentlich lang und wo ist mein Weg?« Es gibt eine tiefsitzende Unklarheit in uns allen, im Privaten wie im Beruflichen.

## Dreiklang aus Standort, Ausrichtung und Handlung

Die Suche nach Klarheit ist eine komplexe Fragestellung und nicht mit ein paar platten Tipps und Tricks in den Griff zu bekommen oder »mal so nebenbei« zu erledigen. Denn Klarheit ist nicht irgendeine Sache in unserem Leben, die wir haben oder nicht. Es ist ein tiefes Gefühl, das sich entwickeln und herauskristallisieren muss. Für mich ist Klarheit der Rhythmus unseres Lebens, dieser unterschwellige Groove, den wir aber nicht so leicht zu fassen kriegen. Mit seiner Hilfe gelingt es uns, zur richtigen Zeit das Richtige zu tun. Wie bei einem guten Musikstück fließen Arbeit und Privatleben dann entspannt vor sich hin. Ich bin mir sicher, wenn Sie zurückschauen, haben auch Sie diesen Zustand schon in vielen Momenten erleben dürfen. Und das ist so viel mehr, als nur ein bisschen Ordnung zu schaffen und den Schreibtisch aufzuräumen – auch wenn das zweifellos dazugehört (dazu mehr in Kapitel 3).

## Endloser Lernprozess

Klarheit zu erlangen ist ein lebenslanger Prozess in immer größerer Tiefe, statt uns in der Breite und damit in den Verlockungen des Lebens zu verlieren. Einer meiner Lehrer auf meinem Weg hat mir eine Weisheit mitgegeben, die in vielen Lebenslagen zutrifft: »Das Lernen endet niemals!« Ich kenne es aus eigener Erfahrung. In meinem Leben dachte ich schon oft: »Jetzt habe ich es begriffen!« – bis neue Ereignisse eintraten und meine Suche nach Klarheit von Neuem begann. Zum Beispiel in puncto Marketing. Seit über dreißig Jahren versuche ich zu verstehen, warum Menschen ein Produkt kaufen – oder eben nicht. Über die Zeit hinweg habe ich immer wieder neue Erkenntnisse und tiefere Einsichten zu dieser Frage gewonnen. Und jedes Mal dachte ich: »Genau so ist es! Jetzt habe ich endlich die Antwort!«

Doch dann gab es eine Studie, ein Buch, einen Vortrag oder ein Gespräch, das mir zusätzliche Informationen und noch tiefere Einsichten verschaffte. Ich denke, das ist der Lauf des Lebens, das Lernen wie auch neue Einsichten nehmen kein Ende. Ich finde das sehr beruhigend, da wir immer die Möglichkeit haben, uns zu verbessern und zu entwickeln.

Klarheit zu schaffen ist meiner Meinung nach eine der wichtigsten Aufgaben, denen wir uns lebenslang widmen dürfen, weil uns das Leben immer wieder vor neue Herausforderungen stellt. Doch je mehr Übung wir darin haben, desto leichter wird es uns fallen, Klarheit zu schaffen. Aber was ist eigentlich Klarheit? Wie können wir diesen Begriff möglichst präzise definieren? Denn wenn jemand Klarheit fordert, meint damit nicht automatisch jeder im Raum dasselbe.

## Klarheit – eine Definition

Ich liebe es, mir die Herkunft von Begriffen genauer anzuschauen. Das habe ich natürlich auch bei der Klarheit getan. Im Kern steht der Begriff »klar« – ein sehr altes Wort in der deutschen Sprache. Es lässt sich bis ins 12. Jahrhundert zurückverfolgen, es finden sich jedoch auch Anleihen aus dem Altfranzösischen (*clair*) sowie einem alten lateinischen Stamm (*clarus*). Die ursprüngliche Bedeutung geht in die Richtung »hell« und »strahlend«.

Klarheit ist somit die Beschreibung eines Zustands, in dem wir in der Lage sind, durch die Irrungen und Wirrungen des Lebens hindurch bis zum wahren Kern zu sehen. Er manifestiert sich dabei hell und strahlend vor uns, und wir haben keine Zweifel.

Doch wie kommen wir dorthin? Wie bringen wir mehr Klarheit in unser Denken, Entscheiden und Handeln?

Meine persönliche Definition von Klarheit lautet, zu wissen:

- wo wir derzeit stehen – und wo nicht,
- wohin wir im Moment wollen – und wohin nicht,
- was genau jetzt zu tun ist – und was nicht.

Diese Definition ist die Basis für den Kompass für Klarheit. Es geht darum, einen eindeutigen Standpunkt zu definieren, ein spezifisches Ziel vorzugeben und eine bestimmte Richtung einzuschlagen. Damit entscheiden wir uns gegen viele andere mögliche Standpunkte, schließen unzählige andere Zielsetzungen aus und verzichten auf potenziell vielversprechende andere Wege.

Der Dreiklang aus Standpunkt, Ausrichtung und Handlung befreit uns von Verwirrung und Unsicherheit. Die daraus erwachsende Klarheit schenkt uns die Reduktion von Stress und verleiht unserem Leben eine gewisse Leichtigkeit und unserem Wirken eine besondere Effektivität. Wir können so etwas wie inneren Frieden finden, eine größere Sicherheit in unseren Entscheidungen erhalten, Mut und Tatkraft in unserem Handeln erleben und eine starke Motivation spüren, beherzt unseren Weg zu gehen.

## Kompass für Klarheit

Wenn wir uns auf eine Wanderung begeben, ohne eine gute Landkarte dabeizuhaben, ist es durchaus möglich, dass wir trotzdem am Abend die Hütte erreichen, zu der wir aufgebrochen sind. Unser natürlicher Orientierungssinn hilft uns sicherlich, doch vielleicht müssen wir uns an der einen oder anderen Abzweigung rein nach Bauchgefühl entscheiden. Ohne Landkarte kann jede Wanderung zu einem Glücksspiel werden. Dann kann es passieren, dass wir irgendwo vom Weg abkommen und uns am Ende sogar total verlaufen. Unter Umständen müssen wir dann mühsame und im Grunde völlig vermeidbare Umwege in Kauf nehmen und können letzten Endes den Weg zum auserkorenen Ziel gar nicht richtig genießen.

Der Kompass für Klarheit soll Sie dabei unterstützen, zügig und möglichst ohne unnötige Umwege wieder Ihre Mitte zu finden, das glückliche Gefühl des Flow und der Entspannung zu spüren und mit Leichtigkeit Ihre Zukunft zu gestalten – egal in welchem Bereich des Lebens Sie sich mehr Orientierung und Ausrichtung wünschen. Er hilft Ihnen dabei, im Leben Wichtiges von Unwichtigem zu trennen, um so eine neue Tiefe und Effektivität zu erreichen.

Jeder der fünf Wolkenteiler enthält konkrete Ideen, Gedanken und Fragestellungen, die Ihnen helfen sollen, auf die nächste Ebene zu kommen. Sie funktionieren bei einem beruflichen oder privaten Projekt genauso wie für die Zusammenarbeit im Team oder für eine Neuausrichtung Ihres Lebens.

Am Ende des Buchs finden Sie darüber hinaus einige meiner liebsten Inspirationsquellen, und auf *www.wolkenteiler.de* gibt es noch viele weitere Angebote, die Sie für Ihren Weg zur Klarheit nutzen können. Schauen Sie doch mal rein!

## Fünf Wolkenteiler für mehr Klarheit – Schritt für Schritt

### Selbstreflexion
Klarheit in der Beziehung zu uns selbst

### Fokussierung
Klarheit bezüglich unserer Weltanschauung und Werte

### Konzentration
Klarheit im Wirken und Handeln

### Entscheidungsfreude
Klarheit an den Weggabelungen des Lebens

### Tatkraft
Klarheit in der Kommunikation und Umsetzung

## Von innen nach außen

Wichtig ist zu begreifen, dass es immer dieselbe Abfolge ist: Sie beginnen konsequent bei sich selbst – in Ihrem Inneren –, und arbeiten sich dann allmählich weiter nach außen vor – hinaus in die Welt. Nur diese Reihenfolge ist sinnvoll und zielführend. Selbstverständlich könnten Sie Einzelaspekte herausgreifen und würden vermutlich auch punktuelle positive Effekte feststellen. Für eine langfristige und nachhaltige Wirkung ist es jedoch nötig, alle Perspektiven und Schritte sukzessive in Ihre Gedanken, Ihre Entscheidungen und Ihre Handlungen und somit in Ihr gesamtes Leben zu integrieren.

Seit ich das für mich erkannt habe, ist mir klar, dass jede andere Herangehensweise in die Irre führt, und konnte zahlreiche Beispiele dafür in meinem täglichen Leben finden. Wenn ich bei Lattoflex gescheiterte Projekte oder Vorhaben im Nachhinein noch einmal durchdachte und analysierte, fiel mir auf, dass die Ursache des Scheiterns selten im Außen zu finden war. In der Mehrheit der Fälle war es einfach so, dass mein Team und ich uns Hals über Kopf in ein Projekt gestürzt hatten und in hektische Betriebsamkeit ausgebrochen waren, ohne vorher in uns zu gehen und unsere Idee in der Tiefe zu verstehen und zu durchdringen.

Wenn ich nur daran denke, wie viele neue Produkte wir bei Lattoflex entwickelt haben, die später im Markt nicht so funktioniert haben, wie wir es uns ausgemalt hatten. So manches Mal waren wir übermäßig von uns überzeugt und der Vision verfallen, was man alles tun könnte, ohne das Ganze auch mal von der Kundenseite her zu durchdenken. Das war, wie Sie sich sicher denken können, selten von Erfolg gekrönt. Genauer gesagt: nie. Wenn ich ehrlich zurückblicke, kann ich nur feststellen, dass der Grund für unser Scheitern darin lag, dass wir nicht versucht haben zu verstehen, was das Problem ist, das gelöst werden muss, warum unsere Kunden etwas bei uns kaufen, was sie eigentlich suchen und wie unsere Lösung dementsprechend hätte aussehen müssen.

Andere Male waren wir von außen getrieben, etwa weil ein Wettbewerber uns bei einer Funktion voraus war. Vor vielen Jahren hatten wir beispielsweise die Idee, ein eigenes Polsterbett auf den Markt zu bringen. Zu dieser Zeit gab es einen Boom bei amerikanischen Betten, und wir dachten eben, dass »man« das unbedingt im Sortiment haben sollte – also auch wir. Was soll ich sagen: Das war leider ein Schuss in den Ofen. Trotz aller Anstrengungen, es irgendwie zu retten, mussten wir die Produktion letztlich einstellen.

Verstehen Sie mich nicht falsch: Zweifellos müssen wir irgendwann ins Handeln kommen und loslegen, diese Notwendigkeit stelle ich nicht grundsätzlich infrage. Aber kopf- und zielloses Handeln ist meiner Meinung nach mehr als fragwürdig, im Businesskontext ist es in vielen Fällen sogar geschäftsschädigend. Aus einer inneren Klarheit heraus laufen Projekte schneller und effektiver, und alle Beteiligten können sich leichter aufeinander abstimmen, da sie dieselbe Definition und Zielvorstellung haben. Sie können sich daher selbst wieder einnorden, sollten sie zwischendurch das Ziel aus dem Blick verlieren, weil sie Strategien haben, um festzustellen, ob sie noch in die richtige Richtung steuern.

# Zeit für Klarheit

Viele Unternehmen glauben, sie könnten es sich nicht erlauben, sich die Zeit zu nehmen, um in die Tiefe zu gehen, da die Zeit drängt. Aber ist das denn wirklich immer so, oder reden wir uns das gerne ein, weil blinder Aktionismus zumindest nach außen wie Handeln wirkt? Ich glaube, dass wir immer dann in hektische Betriebsamkeit verfallen, wenn wir die Mühe scheuen, in Ruhe und in der Tiefe ein Problem zu analysieren und unsere Handlungen und nächsten Schritte darauf aufzubauen. Denn es kann durchaus ungemütlich werden, die wahre Ursache einer Aufgabenstellung oder eines Problems zu identifizieren. Vielleicht bedeutet es, einer anderen Person auf die Füße zu treten oder gewohnte Bahnen aus der Vergangenheit zu verlassen. Da ist es manchmal leichter – fast wie eine Ablenkung –, sich in hektische Aktivitäten zu stürzen, die von außen »gut« aussehen. Zielführend ist das in der Regel nicht, da sie nicht die Wurzel des Problems betreffen.

Ich kann Ihnen sagen, dass das Durchlaufen der fünf Schritte zur Klarheit nicht unbedingt viel Zeit in Anspruch nehmen muss. Zu Beginn dauert es vielleicht etwas länger, weil Sie noch nicht so geübt darin sind. Doch konsequent angewendet und verinnerlicht, versetzt Sie dieses Mindset in die Lage, zügig Klarheit zu finden, mutig zu entscheiden und kraftvoll zu handeln.

»Ruhig wie ein tiefer See
mit ungetrübtem Wasser
ist der Weise mit seiner
heiteren Klarheit.«

Buddha

## Allgegenwärtigkeit der Unklarheit

Oft machen wir uns nicht bewusst, welche Folgen Unklarheit in unserem Leben hat und welchen Preis wir in unseren Unternehmen und Teams dafür zahlen müssen. Es ist wie überall im Leben: Nichts ist umsonst. Unklarheit führt dazu, dass wir entweder nicht vom Fleck kommen oder unseren Zielen hinterherrennen, um irgendwann festzustellen, dass wir in die völlig falsche Richtung gelaufen sind. Unklarheit in unserem Geist erzeugt Desorganisation. Aufgrund von Stress und/oder Frustration lenken wir uns immer mehr ab, was wiederum zu einer Steigerung unserer Unklarheit führt. Diese Spirale dreht sich endlos weiter und produziert in unserem Leben noch mehr Stress und Frustration.

## Aufziehendes Gewitter am Horizont

Nach meiner Beobachtung begehen wir dann beim Umgang mit diesen essenziellen Fragestellungen – oftmals unbewusst – dieselben Fehler, ohne allzu viel daraus zu lernen. So landen wir immer wieder in Fallen und Sackgassen, die uns irgendwie bekannt vorkommen.

Häufig beschränken sich unsere vermeintlichen Strategien zur Bewältigung unserer inneren Unruhe und Unklarheit auf einige wenige, eher klägliche Versuche, die leider meist von vornherein zum Scheitern verurteilt sind.

# Naivität

Wir übersehen Offensichtliches geflissentlich, in der naiven Hoffnung, dass das Problem irgendwann von selbst verschwindet, oder gehen davon aus, dass sich schon jemand anders darum kümmern wird. Das passiert häufig in größeren Unternehmen oder Gruppen, beispielsweise Vereinen: Im Nachhinein wollen *alle* das Problem gesehen haben. Im eigentlich entscheidenden Moment, in dem Handeln angezeigt gewesen wäre, duckt sich dann aber jeder weg, richtet den Blick oder seine Aufmerksamkeit auf etwas anderes. Es betrifft ja im Grunde nicht ihn persönlich.

So war es auch bei einer neuen Werbekampagne vor einigen Jahren bei Lattoflex. Wir mussten für ein neues Produkt – eine neue Unterfederung – die Marketing- und Kommunikationsstrategie endlich fertig bekommen. Unter großem Zeitdruck produzierten wir Werbemittel und überfluteten den Markt mit nicht richtig durchdachtem Material. Kein Wunder, dass sich diese Kampagne am Ende als erfolglos erwies. Interessanterweise stellte sich bei Gesprächen im Nachhinein heraus, dass viele Mitarbeiter schon recht früh ein ungutes Bauchgefühl bei der Sache gehabt hatten, aber aus unterschiedlichen Gründen nichts sagten oder gar eingriffen. Vor allem lag es daran, dass sie sich nicht zuständig oder schlichtweg nicht gehört fühlten.

## Ignoranz

Wir verhalten uns wie die drei Affen, die nichts hören, nichts sehen und nicht sagen. Stattdessen reden wir uns ein, es wäre besser und irgendwie zielführend, das ungute Gefühl in der Magengegend bewusst zu ignorieren. Eigentlich müssten wir die Karten auf den Tisch legen und endlich Klartext reden, dennoch schweigen wir eisern und schieben die Probleme beiseite. Im Businesskontext verpassen wir so langfristige Trends, Veränderungen des Konsumverhaltens oder technische Revolutionen und lassen uns von der Konkurrenz abhängen, weil wir weiterhin daran glauben wollen, dass altbewährte Traditionen ewig halten und der Wandel nur eine kurzfristige Randerscheinung ist, die wir »aussitzen« können.

## Prokrastination

Wir schieben jegliche Gedanken, Entscheidungen oder Meinungen auf, bis wir kaum noch ausweichen können und der Stress schier unerträglich wird. Wir nehmen uns etwa fest vor, mit unserem Vorgesetzten ganz offen über unsere Unzufriedenheit bei der Arbeit zu sprechen. Gleich morgen – denn so geht es nicht weiter! Es kommt der nächste Tag, und wieder mal stehen so viele Dinge auf unserer Aufgabenliste, dass wir angeblich gar nicht dazu kommen, mit dem Chef Tacheles zu reden. So viele wichtige Dinge sind zu erledigen, und ehe wir uns versehen, ist der Tag vorbei.

Es gibt zahlreiche Lebensbereiche, in denen wir Dinge, vor denen wir uns fürchten oder die vielleicht schwierig oder unangenehm sind, vor uns herschieben. Eine Lösung ist dies aber auf keinen Fall, denn früher oder später holen uns die Probleme ein – auf die eine oder andere Art und Weise.

## Schuldzuweisungen

Wir geben anderen oder den Umständen die Schuld. »Wenn ich eine bessere Kindheit gehabt hätte, mit netteren, liebevolleren Eltern, wäre schon noch etwas aus mir geworden!« Ein Klassiker der Schuldzuweisungen, die niemandem nützen, am wenigsten uns selbst. Nicht dass es nicht schwierige, teils problematische Kindheiten gäbe oder man das einfach so vom Tisch wischen und sein Leben unbeschwert leben könnte. Doch wenn wir uns darauf limitieren, im Erwachsenenalter immer wieder, ganz gleich was in unserem Leben passiert, die Schuld woanders, etwa bei den Eltern, zu suchen, beschränken wir unsere weitere Entwicklung. Das verschafft uns vielleicht für einen kurzen Moment Erleichterung, löst jedoch nicht das zugrunde liegende Problem und nimmt uns die Macht, die Dinge aktiv zu ändern, da wir uns selbst in die Passivität zwingen.

Bis zu einem gewissen Grad können wir gegen solche hinderlichen Denk- und Verhaltensmuster ankämpfen, aber es spricht auch nichts dagegen, professionelle Unterstützung bei Psychotherapeuten zu suchen, um diesen beschwerlichen Weg nicht alleine gehen zu müssen.

## Fluchtgedanken

Wir wollen am liebsten alles hinschmeißen, aussteigen, die Branche wechseln und uns so von dem Problem befreien, statt uns damit auseinanderzusetzen. Das klappt vielleicht für eine kurze Zeit – und manchmal ist ein wenig Abstand auch zielführend (mehr dazu in Kapitel 2) –, doch wir können uns nicht auf lange Sicht von dieser Welt »abmelden«. Beispiele dafür kennen wir aus dem privaten und beruflichen Bereich zur Genüge: So manche wechseln in schöner Regelmäßigkeit den Partner, bevor es »zu ernst« wird. Oder haben sie womöglich Angst, den nächsten Schritt zu gehen? Andere hüpfen von Job zu Job, von Branche zu Branche, weil ihnen der Aufstieg in ein- und demselben Unternehmen auf Dauer »zu langweilig« wäre. Oder haben sie vielleicht Bedenken, dem nächsten Schritt auf der Karriereleiter und der damit verbundenen Verantwortung nicht gewachsen zu sein? Wieder andere verweilen nie allzu lange an einem Ort, weil sie »das Abenteuer lieben«. Das mag zum Teil durchaus stimmen, aber unter Umständen lauert in der Tiefe doch die Furcht vor sozialer Ablehnung, weil sie noch nie im Leben irgendwo richtig dazugehört haben, und sie schützen sich davor, indem sie immer wieder die Brücken hinter sich abbrechen? Es ist ganz egal, wovor wir weglaufen und wo wir landen – auch wenn wir uns am Ende der Welt verkriechen, nehmen wir das ursprüngliche Problem mit: uns selbst.

Vielleicht haben Sie sich bei dem ein oder anderen Versuch wiedererkannt. Kein Wunder, wir alle probieren die eine oder andere »Strategie« im Laufe unseres Lebens aus, weil das oftmals leichter erscheint.

# Gewitterwolken auf dem Weg zur Klarheit

Über die Jahre konnte ich an mir selbst beobachten, aber auch in Beratungsgesprächen bei anderen entdecken, dass es neben diesen Vorboten eines aufziehenden Sturms ein paar mächtige wiederkehrende Denk- und Verhaltensmuster gibt, an denen wir scheitern und aus Unklarheit nicht weitergehen, weil wir die Ungewissheit vorziehen oder uns fürchten. Für mich sind die folgenden drei massiven Gewitterwolken daher wichtig für das tiefere Verständnis, warum Unklarheit unser Leben und unsere Entwicklung in so vielen Aspekten behindert.

## Perfektionismus und Kontrolle

Manchmal wünschen wir uns Klarheit über unsere langfristige Zielsetzung. »Das muss ich mir mal in Ruhe anschauen!«, sagen wir uns, und dann sitzen wir voller Enthusiasmus vor einem leeren Stück Papier, nehmen einen Stift zur Hand und wollen jetzt loslegen. Wir wollen unsere wichtigsten Ziele für das nächste Jahr schriftlich fixieren. Dann schreiben wir etwas nieder – und streichen es sofort wieder durch. Das Spielchen wiederholt sich ein paar Mal, wir sind zusehends frustriert. Keine Idee scheint es mehr wert, notiert zu werden. Das ist doch alles Mist! Allmählich schweifen unsere Gedanken ab, und wir fangen an zu grübeln, was der Sinn unseres Lebens eigentlich ist und was die Quelle unseres Tuns. Das soll am besten nach etwas Großem klingen und andere Menschen möglichst beeindrucken. Doch auf diese Weise bewegen wir uns nicht von der Stelle.

Beim Schreiben dieses Buchs ist es mir streckenweise nicht anders ergangen. Allein für das Vorwort habe ich mindestens zehn Anläufe gebraucht und es danach mehrfach umgeschrieben. Niemals war es gut genug, ich fand stets etwas daran auszusetzen. Ich hatte immer noch nicht alles perfekt auf den Punkt gebracht, aber genau das war mir doch so wichtig!

Perfektionismus ist eindeutig eine der großen Gewitterwolken auf dem Weg zur Klarheit. Dieses Denk- und Verhaltensmuster steht uns fast überall im Weg – diese Sehnsucht nach dem perfekten Job, der perfekten Beziehung, der perfekten Familie, dem perfekten Körper, dem perfekten Leben. Unsere Standards werden dadurch höher und höher, und die Frustration steigt in gleichem Maße, weil wir unsere Ziele nicht erreichen. Der Vortragsredner und Autor Hermann Scherer, ein guter Freund und Mentor, drückte es einmal so aus: »Wir Menschen tun uns sehr schwer damit, Neues zu erschaffen, sind jedoch Weltmeister darin, etwas Vorhandenes permanent zu verbessern!« Das ist absolut wahr. Eine vorhandene Idee lässt sich immer detaillierter weiterentwickeln. Ein Vorwort kann immer weiter optimiert werden, wenn der erste Entwurf erst einmal geschrieben ist. Eine grob verfasste To-do-Liste ist leicht immer weiter zu verfeinern und zu konkretisieren. Tagtäglich kommen wir in Versuchung, das, was wir gestern gedacht haben, zu überdenken und weiter zu optimieren, statt den nächsten Schritt zu wagen.

Das Verrückte ist, dass wir uns dabei oft einreden, hohe Standards und Perfektion seien unabdingbar, um Klarheit zu erreichen. Wenn wir erst alles bis ins Kleinste durchdacht und jedes Detail geplant und kontrolliert haben, werden wir wissen, was zu tun ist, was funktioniert, was erfolgreich sein wird. Doch das Gegenteil ist der Fall! Perfektionismus blockiert oftmals unser Denken und schafft nur Verwirrung. Denn er leugnet einen fundamentalen Grundsatz des Lebens: Nichts und niemand ist perfekt!

Kontrolle bezeichne ich gerne als das »kleine Geschwisterchen« des Perfektionismus, und oft geht beides Hand in Hand. Verstehen Sie mich nicht falsch: Es spricht absolut nichts dagegen, seine Projekte und sein Leben im Allgemeinen im Griff haben zu wollen. Aber ich bin mir sicher, dass wir alle eine Vorstellung davon haben, wie es aussieht, wenn man es mit der Kontrolle übertreibt. Nach meiner Erfahrung passiert das vor allem wenn wir Versagensängste haben oder befürchten, den hohen Ansprüchen anderer nicht zu genügen. Dann wollen wir es ganz genau wissen und auf den letzten Cent analysiert haben, bevor wir auch nur mit dem Gedanken spielen können, einen einzigen Schritt nach vorne zu tun.

Ein Coach hat einmal zu mir gesagt: »Kontrolle ist der schlimmste Troll von allen.« In dieser Aussage steckt meiner Meinung nach jede Menge Wahrheit, und sie ist bedeutsam, wenn wir uns auf den Weg der Klarheit machen. Ins Handeln zu kommen bedeutet, an irgendeiner Stelle die klare Entscheidung zu treffen, endlich loszugehen, auch ohne alles doppelt und dreifach abgesichert zu haben. Wir müssen akzeptieren, dass sich so manches im Leben schlichtweg unserer Kontrolle entzieht und sich nicht im Vorfeld berechnen lässt.

Oft genug habe ich Menschen in der Perfektionismusfalle sitzen sehen, etwa weil sie nicht zufrieden waren mit ihrem Warum oder mit ihrer Positionierung. Das Ergebnis dieser Unzufriedenheit war meist Erstarrung. Bevor es nicht perfekt war, konnten sie nichts weiter unternehmen. Doch wir lügen uns damit in die eigene Tasche: Den perfekten Zeitpunkt gibt es nicht. Ebenso wenig gibt es eine perfekte Positionierung oder einen perfekten Text. Und doch stecken wir immer wieder in diesem Denk- und Verhaltensmuster, setzen für uns oder andere unerreichbar hohe Standards und quälen alle Beteiligten, weil niemand diesen unrealistischen Vorgaben genügen kann.

Das Leben basiert aus meiner Sicht auf drei klaren Grundsätzen:

1. Nichts und niemand ist perfekt.
2. Nichts hält ewig.
3. Nichts ist jemals vollständig.

Unsere Vergänglichkeit und Unvollkommenheit hinzunehmen und die Unvollständigkeit jedweden Seins anzuerkennen, ist ohne Frage eine Meisterprüfung. Sich diesen grundlegenden Wahrheiten zu stellen und sie mehr und mehr in unser Leben aufzunehmen, bedeutet aber, dass die Perfektionismusfalle nicht mehr so leicht zuschnappen kann.

Um ihr zu entkommen, müssen wir einfach anfangen und die Dinge in die Hand nehmen, wohl wissend, dass noch nicht alles perfekt ist. Und akzeptieren, dass es das auch niemals sein wird. Ja, wir werden dann vielleicht Fehler machen, wir werden auch mal falsche Entscheidungen treffen, aber das ist immer noch besser, als tatenlos und damit wirkungslos oder gar bedeutungslos zu bleiben in unserem Denken und Tun. Selbst Idole wie Mahatma Gandhi, Steve Jobs oder Nelson Mandela waren nicht perfekt, keine ihrer Handlungen vollkommen fehlerfrei. Wer ihre Biografien gelesen hat, kennt die Macken, Ecken und Kanten dieser Persönlichkeiten und hat von schwerwiegenden Fehleinschätzungen erfahren, die diesen Menschen unterlaufen sind. Dennoch haben sie sich niemals davon abhalten lassen, weiterzumachen oder gar noch mal ganz von vorne anzufangen.

Leider wird Perfektionismusdenken in unserer heutigen Gesellschaft stärker geschürt denn je. Wie viele Selfies knipsen wir – selbstverständlich mit eingeschaltetem Schönheitsfilter – und bearbeiten sie akribisch, bevor wir es wagen, sie in sozialen Medien zu teilen? Dabei vergessen wir offenbar zusehends: Das wahre Leben ist nicht perfekt. Und das ist gut so!

Anzufangen ist immer der schwerste Akt. Deshalb ist es besser, mit kleinen, aber konkreten Tippelschritten zu beginnen, als gleich zu Beginn die Siebenmeilenstiefel anzuziehen, obwohl sie uns noch ein paar Nummern zu groß sind. Selbst bei einem Mammutprojekt lassen sich erste Schritte identifizieren, die in die gewünschte Richtung weisen – aber nur wenn wir Klarheit haben, wohin dieser Weg uns führen soll.

## Leugnung und Dramatisierung

Leugnung und Dramatisierung sind für mich wie zwei Seiten einer Medaille. Auf den ersten Blick scheinen diese beiden Gewitterwolken grundverschieden zu sein: Wenn wir bewusst etwas leugnen, behaupten wir wider besseres Wissen, hier gäbe es gar kein Problem und keine Unklarheit. Das ist im Grunde genommen die Steigerung von Ignoranz. Wenn wir etwas dramatisieren, beschweren wir uns lautstark darüber, das Elend oder das Problem seien so gigantisch, dass sie niemals gelindert oder gelöst werden können – jedenfalls nicht von uns allein. Doch so manches Mal entsteht eine Dynamik, wir schwenken vom einen Extrem ins andere und die Medaille wird umgedreht.

Wir schieben die ersten Anzeichen für Schwierigkeiten von uns weg, setzen uns nicht damit auseinander, sträuben uns vehement gegen die Erkenntnis, dass etwas falsch läuft in unserem Leben oder im Job. Denn sobald wir den Gedanken zulassen, sitzen wir in der Patsche. Wir kneifen lieber die Augen fest zusammen und sagen uns wie kleine Kinder, die sich fürchten: »Es wird alles gut.« Was wir nicht sehen, ist auch nicht vorhanden.

Dieses Denk- und Verhaltensmuster legen wir oft beim Umgang mit langfristigen Fragen wie Altersvorsorge oder Weiterentwicklung im Job an den Tag, aber auch in Liebesbeziehungen, die uns nicht guttun. Wir verharren schier endlos in unglücklichen Situationen, ziehen uns die Decke über den Kopf und reden uns selbst und damit – so unsere Hoffnung – auch unserer Umwelt ein, dass alles in bester Ordnung sei. Selbst wenn wir einen ersten Anlauf wagen und unser Verhalten kritisch hinterfragen, funkt uns oft genug die Leugnung dazwischen, die uns ins Ohr säuselt, dass wir uns darum getrost später mal ganz in Ruhe kümmern könnten. Für den Moment sei doch alles gut. Die unbequeme Wahrheit können wir noch nicht zulassen, es könnte unangenehm oder gar schmerzhaft werden, einen ganz genauen Blick darauf zu werfen. Wir hoffen inständig, dass es sich irgendwie von selbst regeln wird, ganz ohne unser Zutun. Manchmal passiert das tatsächlich auch. Aber ob es dann nicht zu spät ist?

Wenn wir die Strategie des Unterdrückens und Leugnens eine Weile durchgehalten haben, verfallen wir oftmals in das andere Extrem: das Drama. Wir fangen an, unser Leid zu beklagen, baden uns in unserem Elend und bauschen das Problem auf, bis es riesig und unüberwindbar scheint. In Phasen der Dramatisierung erzählen wir jedem, egal ob er es hören will oder nicht, wie schlimm doch alles sei, wie machtlos wir doch wären und wie wenig wir daran ändern könnten, da wir schließlich schuldlos in diese Misere geraten seien. Unterbewusst haben wir vermutlich bereits erkannt, dass wir viel früher hätten handeln müssen, doch gegen die bewusste Erkenntnis sträuben wir uns derzeit noch. Stattdessen suchen wir im Außen nach Schuldigen, nach Sündenböcken, denen wir unsere Verantwortung in die Schuhe schieben können. Das ist der leichtere Weg, und unser Selbstbild bleibt intakt.

Ganz typisch ist diese Denk- und Verhaltensweise in unseren Beziehungen. Unsere Beziehung zu unserem Partner (oder einem Kollegen) könnte so fantastisch sein – wenn die andere Person anders wäre, als sie ist, oder wenigstens die Bereitschaft zeigen würde, sich zu ändern. Mit uns selbst ist natürlich alles in bester Ordnung, der andere ist ja das Problem. Klar, das ist der einfachere Weg und die bequemere Flucht. Doch je mehr wir an unserem Partner zerren und ihm die alleinige Verantwortung übertragen, etwas an unserer Beziehung zu verbessern, desto größer wird das Problem. In den Spiegel zu schauen und uns ehrlich unsere eigenen Fehler in der Beziehung einzugestehen und daran zu arbeiten, das möchten wir lieber nicht. Selbst wenn wir schon ahnen, dass wir an der Misere nicht völlig unbeteiligt sind. Für den Moment fühlt es sich wie eine Erleichterung an, wenn wir »den Schuldigen« endlich gefunden haben und selbstverständlich haarklein darlegen können, warum es genauso ist, wie wir es darstellen. Auf lange Sicht fügen wir unseren Beziehungen schwere, teils sogar irreparable Schäden zu, weil wir nicht den Mumm haben, die wahre Ursache in der Tiefe anzugehen und unsere Handlungen darauf auszurichten.

Das Ergebnis dieser beiden Denk- und Verhaltensmuster ist identisch: Erstarrung. Wer behauptet, keinerlei Leid zu verspüren und wie Teflon zu sein, kommt nicht ins Handeln. Wer nur sein Leid klagt oder sich in Selbstmitleid suhlt, ebenso wenig. Erst wenn der Leidensdruck ins Unermessliche gestiegen ist, kommt manchmal der Punkt, an dem wir dringenden Handlungsbedarf erkennen. Einen Gefallen tun wir uns mit keiner dieser Strategien.

Auch in diesem Fall ist die Erkenntnis der erste Schritt zur Besserung. Wir müssen die Gewitterwolke bewusst ansehen und anerkennen, dass sie da ist. Dann müssen wir sie ergründen: Was steckt hinter der Leugnung, hinter dem Drama? Was wollen wir vor uns selbst verstecken? Indem wir unsere Gedanken und Gefühle analysieren, haben wir eine Chance, etwas zu verändern. In vielen Fällen entdecken wir dort Angst. Wir haben gerade aus irgendeinem Grund die Hosen voll und würden uns am liebsten nie mehr bewegen.

Als Nächstes gilt es, sich diesen Ängsten zu stellen und zu ergründen, wie schwerwiegend das zu lösende Problem denn nun wirklich ist. Hand aufs Herz: Oftmals ist es nicht so dramatisch, wie wir es uns in unseren schlimmsten Albträumen ausgemalt haben. Da schieben wir beispielsweise unsere Steuererklärung wochenlang vor uns her. Entweder gucken wir gar nicht auf den Stapel mit all den Quittungen und Rechnungen oder räumen das ganze Chaos in einen großen Schuhkarton. Oder wir beschweren uns bei allen, wie knifflig die Steuererklärung dieses Jahr doch sei und wie viel Zeit wir dafür bräuchten, die uns aber fehlt. Doch wenn wir uns dann endlich hinsetzen und loslegen, stellen wir oft erstaunt fest, dass in weniger als einer Stunde alles erledigt ist.

## Chaos und Verwirrung

»Nur der Dumme braucht Ordnung – das Genie beherrscht das Chaos!« Wir alle haben diesen Spruch vermutlich schon einmal in der einen oder anderen Ausführung gehört. Und wie jede Lebensweisheit hat auch dieser Spruch einen wahren Kern.

Natürlich können wirkliche Genies in ihrem Fachgebiet auch Großes in total chaotischen Zuständen vollbringen. Ein begnadeter Chefkoch kann bestimmt in einer Küche, die gerade im kompletten Durcheinander versinkt, fantastische Gerichte kreieren. Und ich wage zu behaupten, dass Picasso in einem geordneten Atelier genauso hervorragend hätte malen können wie in einem völlig chaotischen. Aber in manchen Fällen schwingt doch ein bisschen Leugnung mit, wenn Menschen uns erzählen, dass sie nun mal etwas chaotischer seien, das ließe sich eben nicht ändern, aber sie kämen damit super klar. Einige Menschen sind davon überzeugt, Chaos und Verwirrung seien cool, und halten alles andere für spießig. Warum sollte alles im Leben aufgeräumt, geordnet, strukturiert und durchdacht sein? Das killt doch jedwede Kreativität!

Grundlegend möchte ich dem gar nicht widersprechen. Ich verstehe völlig, was diese Menschen sagen wollen, und auch ich habe ein Problem mit übertriebener Bürokratie und detailverliebter Kontrollwut. Tatsache ist: Jeder Mensch hat seine persönliche Ausdrucksform und seine Art und Weise zu leben und zu arbeiten. So mancher fühlt sich in einer aufgeräumten, ja fast sterilen Umgebung am wohlsten, während ein anderer so ein Umfeld als unbehaglich beschreiben würde. Also: Jedem das Seine. Nichtsdestotrotz kann es sich lohnen, etwas genauer hinzuschauen, ob alles auch wirklich dem Zweck dient, Klarheit in unsere Gedanken- und Gefühlswelt, in unsere Ausrichtung und letztlich in unser Leben zu bringen.

Deshalb stelle ich es zumindest infrage, wenn jemand im Coaching behauptet, dass das Durcheinander in seinem Leben und in seinen Gedanken richtig und nicht veränderbar sei. Denn ich weiß aus Erfahrung, dass Menschen oft aus Angst klare Strukturen in ihrem Leben vermeiden. Es ist die tiefliegende Angst, messbar und erkennbar zu werden. Klarheit würde vieles ans Licht bringen, das lieber im Verborgenen bleiben soll. Chaos bietet hierfür einen geeigneten Schutz, weil es schier unmöglich ist, sich ohne Ordnung einen klaren Überblick zu verschaffen.

Die Wahrscheinlichkeit, dass wir wirklich Großes in die Welt bringen können und unsere Träume und Sehnsüchte sich erfüllen, steigt in dem Maße, in dem es uns gelingt, Ordnung in unsere Gedanken und unser Umfeld zu bringen, sprich: Klarheit zu schaffen. Denn Chaos und Verwirrung vernebeln uns die Sicht, und wir erstarren – wieder einmal. Das wird zu einer Ausrede, nichts zu tun.

## Die Macht der Klarheit

Es ist an der Zeit, uns die Konsequenzen von Unklarheit deutlich vor Augen zu führen und zu erkennen, wie mächtig Klarheit sein kann. Sie ist mehr als eine Freizeitbeschäftigung oder ein schickes neues Managementtool. Es geht dabei um den Kern unseres Lebens, um das, was wir erreichen können und wollen. Klarheit zu finden bedeutet, das Leben wieder zu spüren, und zwar genau so, wie es ist. Probleme künstlich zu leugnen oder theatralisch zu vergrößern führt uns stattdessen weg von einem wahrhaftigen Leben in all seinen Farben.

Meine persönliche Motivation war stets die Vorstellung, dass ich am Ende meines Lebens zurückblicke und das gute Gefühl in mir trage, alles getan und erreicht zu haben, was ich wirklich tun wollte, und zu diesem Zweck mein Potenzial voll ausschöpfen konnte. Dass ich der Sohn, der Ehemann, der Vater, der Kollege, der Chef, der Freund, kurzum: der Mensch geworden bin, der ich im Grunde meines Herzens bin, und mich zu der Person entwickelt habe, die ich sein wollte. Und dass ich mich bei meinen Gedanken und Taten an meinen Werten orientiert und danach gelebt habe.

Starten wir auf unserem Weg zu neuer Klarheit und lassen wir Verwirrung, Desorganisation und Ablenkung hinter uns! Der Weg zur Klarheit bedeutet, von innen nach außen systematisch Licht ins Dunkel zu bringen. Ich kann Ihnen versprechen: Sobald Lebensfreude, Leichtigkeit und tiefe Zufriedenheit wieder Einzug in Ihr Denken und Tun halten, werden Sie sich kaum in die ungeordneten Zustände der Vergangenheit zurücksehnen. Klarheit ist ein Akt der Befreiung und das größte Geschenk, das Sie sich selbst geben können.

# 1
## SELBSTREFLEXION
# EINTAUCHEN IN UNSERE GEDANKEN- UND GEFÜHLSWELT

»Je mehr ich bei mir bin,
desto klarer kann ich sehen.«
Rachel Archelaus

Leichtigkeit, Zufriedenheit und Entscheidungsfreude erwachsen aus innerer Klarheit. Das ist eine meiner zentralen Erkenntnisse nach vielen Jahrzehnten in der Führung von Unternehmen und Teams. Alles beginnt in uns, denn wir sind das Zentrum unserer eigenen kleinen Welt. Es ist unmöglich, die Welt um uns herum zu ordnen, solange in uns selbst Unordnung und ein heilloses Durcheinander herrschen.

Der erste Wolkenteiler schafft daher Ordnung in unserem Innenleben, unserer Psyche. Wir räumen quasi in uns selbst auf und suchen nach den Ursachen für innere Unklarheit. Dabei müssen wir unsere Gedanken und Gefühle bewusst wahrnehmen, um herauszufinden, wo wir stehen und wohin wir wollen. Es geht darum, auszusortieren, welche Denk- und Verhaltensweisen für unser weiteres Leben hilfreich sind und welche uns eher daran hindern, unser Potenzial zu entfalten und das Leben zu leben, das wir uns wünschen.

Die Reise zur Klarheit beginnt immer in uns selbst. Ohne diese Erkenntnis werden wir den Weg zur Klarheit niemals meistern können. Stellen wir uns jedoch unserer inneren Unklarheit, also allem, was da so in uns brodelt, wird diese tiefe Erkenntnis zu einem Booster für tief empfundene Befriedigung und eine neue Leichtigkeit in unserem Fühlen, Denken und Handeln.

Die zentralen Fragen bei diesem Wolkenteiler lauten:

- Was treibt uns im Innersten an, das heißt, wofür möchten wir uns mit unserer ganzen Leidenschaft und Energie einsetzen?

- Welche Gedanken und Gefühle tragen wir in uns, und welche Auswirkungen hat das auf unser Denken und Handeln?
- Wie bleiben wir im Hier und Jetzt, statt in die Zerstreuung zu flüchten?
- Wie finden wir wieder zurück zur Leichtigkeit in unserem Leben und Wirken?
- Wie kommen wir weg von der Oberflächlichkeit unseres Daseins, hin zu mehr Tiefe?

## Spärlicher Kitt für einen inneren Mangel

Es ist wie ein Naturgesetz, das wir nicht so leicht aushebeln können: Die Steigerung von extrinsischen Anreizen reduziert die intrinsische Motivation. Ähnlich wie Multitasking (mehr dazu in Kapitel 2) hat eine Überbetonung der äußeren Anreize eher den gegenteiligen Effekt. Das bedeutet: Je größer die Karotte ist, die wir uns selbst oder einem anderen Menschen vor die Nase halten, desto kleiner wird die Begeisterung sein, sich für das erklärte Ziel aus einem inneren Antrieb heraus einzusetzen. Zahllose Studien zu Motivation haben dies gezeigt.[1] Speziell für Führungskräfte ist es wichtig, diesen Grundsatz zu verinnerlichen und von dem Irrglauben abzukommen, dass finanzielle Belohnungen und Incentives allein schon alles regeln werden.

Ein Mangel im Inneren kann durch Äußerlichkeiten langfristig nicht behoben werden. Über die vergangenen Jahrzehnte haben wir uns in unseren Unternehmen viele Tricks und Kniffe einfallen lassen, um diesen Grundsatz irgendwie auszuhebeln und zu umgehen. Oft erschien es uns zu mühsam, jedes Mal bei uns und in uns selbst zu beginnen. Viel schneller, einfacher und scheinbar effektiver ist es doch, eine Prämie auszuloben oder sich ein Ziel im Außen zu suchen, das halbwegs lohnend ist – und sei es ein volles Konto oder eine große PS-Zahl beim nächsten Firmenfahrzeug. Auf den ersten Blick scheinen monetäre Anreizsysteme eine schnelle und simple Lösung zu sein. Die Führungskräfte setzen ein Ziel, loben eine Belohnung für den Besten, Schnellsten oder Erfolgreichsten aus – und die Mitarbeiter rennen los, weil sie die Karotte unbedingt wollen. Dabei entbrennt nicht selten ein Wettstreit innerhalb von Abteilungen oder Teams, was sich meiner Meinung nach auf das Miteinander nicht gerade positiv auswirkt.

Es ist immer eine Gratwanderung. Bei Lattoflex versuche ich deshalb, möglichst auf variable Entlohnung als Anreizsystem zu verzichten. Ich baue lieber auf die Leidenschaft meiner Mitarbeiter, die aus Überzeugung mit mir an einem Strang ziehen und sich für unser Unternehmen einsetzen, weil es im Einklang mit ihrem Wertesystem steht oder ihnen das Team und die Kollegen wichtig sind. Zugegeben, sich mit der inneren Motivation von Menschen auseinanderzusetzen ist im Vergleich zu finanziellen Anreizen eher anspruchsvoll. Meiner Erfahrung nach lohnt sich dieser Einsatz aber langfristig für alle Beteiligten, denn die Unternehmenskultur verbessert sich und die Zufriedenheit am Arbeitsplatz steigt.

Innere Motivation ist, wie der Name schon sagt, von außen nur schwer und oft nicht auf den ersten Blick zu erkennen. Ich achte bei jedem Gespräch mit meinen Mitarbeitern auf Signale. Über die Jahre lerne ich natürlich meine Leute kennen und interessiere mich für sie als Person, als Mensch. So entwickelt sich eine zwischenmenschliche Beziehung, bei der ich auf mein Bauchgefühl vertrauen kann. So ahne ich manchmal einfach, wenn jemand bedrückt, traurig oder schlichtweg anders ist als sonst, und kann das vertraulich ansprechen. Bei Bewerbungsgesprächen achte ich auf die Wortwahl und die Art und Weise, wie der Interessent von sich und anderen spricht. Wie sieht diese Person sich selbst und wie andere Menschen? Passt dieses Menschen- oder Weltbild zu unserem Team? Und was treibt die Person im tiefsten Herzen an? Für mich hat diese »Einstellung nach Einstellung« über die Jahre eine immer höhere Priorität bekommen.

## Erfolg ohne Erfüllung

Viele Menschen in unserer westlichen Welt klagen über Erschöpfung, viele leiden an Depressionen oder schlittern, oft unbemerkt, in einen Burnout. Ein Therapeut, der sich lange mit diesen Themen beschäftigt hat, hat es mir so erklärt: Es ist nicht die schiere Menge an Arbeit, die zu einem Burnout führt. Nicht die Quantität unserer Arbeit, also wie viele Stunden wir im Büro verbringen, oder wie hart und intensiv wir an unseren Projekten arbeiten. Es ist die Qualität dessen, was wir tun. Vielfach habe er beobachtet, wie seine Patienten verzweifelt über eine lange Zeit vermeintlich das Richtige taten – zumindest von außen betrachtet. Doch die wahren inneren Beweggründe für ihr Handeln hatten sie schon lange verloren und vergessen. Anders ausgedrückt: Es herrschte mangelnde Klarheit, in diesem Fall über das eigene Warum.

Der amerikanische Life-Coach Tony Robbins hat es einmal in einem Seminar so ausgedrückt: »Die schlimmste Niederlage ist der Erfolg ohne Erfüllung.« Ich glaube, besser kann man es nicht auf den Punkt bringen. Es ist das Elend in uns, das uns oft in sinnlose Aktivitäten, in blinden Aktionismus stürzen lässt. In kurzen Momenten der Klarheit erleben wir, welche Kraft in uns steckt, wenn jedes Puzzleteil an seine vorgesehene Stelle fällt und wir rundum zufrieden sind, mit uns selbst und mit der Welt im Reinen. Das Gegenteil kennen wir jedoch auch zur Genüge: Wir erreichen unser gestecktes Ziel, erklimmen die Karriereleiter oder das Siegerpodest, unser Konto füllt sich – und eigentlich sollten wir tanzen und jubeln vor Glück. Wenn da nur nicht diese penetrante innere Stimme wäre, die unaufhörlich fragt: »Ist es *wirklich* das, was du wolltest? Bist du *dafür* angetreten? War das *tatsächlich* dein Ziel? Und warum bist du dann *immer noch nicht* glücklich?« Wir wollen uns am liebsten die Ohren zuhalten, um sie nicht mehr hören zu müssen, doch sie verstummt nicht, solange wir ein Leben ohne wahre Erfüllung leben.

Vor unseren existenziellen Fragen laufen wir oft weg. Manchmal habe ich das Gefühl, je mehr uns die innere Klarheit verloren geht, desto stärker kompensieren wir diesen Mangel, indem wir uns immer größere Ziele setzen, in der Hoffnung, dann endlich unser Glück zu finden. In der Psychologie ist dieses kompensatorische Verhalten lange bekannt.[2] Auch die Wurzel von Sucht und Abhängigkeit liegt

»Das Befriedigen eines Bedürfnisses ist etwas anderes als das Stillen einer Sehnsucht.«

Gerald Hüther

in dem verzweifelten Versuch, die schmerzliche Leere in uns selbst im Außen auszugleichen. Die einen stürzen sich auf Suchtmittel wie Tabletten, Drogen oder Alkohol, die anderen in die Arbeit – die Bezeichnung »Workaholic« kommt ja nicht von ungefähr – oder in andere Obsessionen und Abhängigkeiten. All das soll uns ablenken oder überdecken, was uns im Leben fehlt. Selbst soziale Medien oder das Smartphone können zur Ersatzdroge mutieren.

## Mehr Leichtigkeit und Fülle

Auf meinen Vorträgen stelle ich dem Publikum gerne die Frage: »Wie geht ein Leben ›in richtig‹?« Kürzlich antwortete jemand: »Ich hätte es gerne stressfrei, leicht und effektiv!« Ich habe diese Frage bereits Hunderten Menschen gestellt und tue es immer wieder leidenschaftlich gern. Sie kann übrigens beliebig variiert werden:

- Wie geht Ihre Beziehung »in richtig«?
- Wie geht Ihre Arbeit »in richtig«?
- Wie gehen Ihre Kunden »in richtig«?
- Wie geht Ihre Familie »in richtig«?

Das Erstaunliche ist, dass bisher alle ohne Zögern auf diese Fragen eine Antwort kannten. Wir wissen offenbar sehr genau, wie es sich anfühlen würde, wenn in unserem Leben alles »richtig« wäre. Die Antworten sprudeln nur so aus uns heraus. Wir wünschen uns ein Leben ohne das Gefühl des

Gehetztseins. Ein Leben, das leicht ist, mit dem sicheren Gefühl, das Richtige zu tun. Und wir wissen sehr genau, wie es sich anfühlen würde, unsere wahren Ziele zu verfolgen und unsere Träume eines Tages auch zu verwirklichen.

Ich glaube, dass wir alle diese Vision vom »richtigen Leben« in uns tragen, und den Kern dieser Vision bildet Klarheit. Es gibt bei vielen Menschen diese tiefe Sehnsucht nach Entspannung, Leichtigkeit und stressfreiem Arbeiten. Je mehr ich mich selbst über die Jahrzehnte dieser Sehnsucht gestellt habe, desto klarer habe ich erkannt, wie unmittelbar die Verwirklichung dieses Traums mit innerer Klarheit zusammenhängt.

## Der Groove des Lebens

Jeder von uns hat in seinem Leben schon Situationen erlebt, in denen plötzlich alles leicht war: Die Arbeit floss wie von selbst, und wir konnten sogar wichtige Entscheidungen mit großer Leichtigkeit fällen. Es ist, als hätte sich unser innerer Kompass neu kalibriert, als hätten wir ein persönliches Navigationssystem, das uns auf den richtigen Kurs bringt und dort hält. Der amerikanische Psychologe Mihály Csíkszentmihályi hat dieses Phänomen in seinem Weltbestseller *Flow – Das Geheimnis des Glücks* präzise definiert und mit einem einprägsamen Bild versehen: So wie sich ein Gebirgsbach fast mühelos seinen Weg vom Gipfel ins Tal bahnt, so finden wir einen Zustand von Klarheit. Mögen auch große Steine im Bachbett liegen und das Wasser manchmal rechts und links einem Hindernis ausweichen müssen, so gelangt er am Ende doch zielsicher und ohne allzu große Anstrengung hinunter.[3]

Wünschen wir uns nicht alle, das Leben würde wie ein Gebirgsbach leicht und ohne Anstrengungen vor sich hin fließen? Ich stelle mir bei dem Gedanken daran immer einen großen Künstler wie Picasso vor. Seine Berufung war es, Kunst zu erschaffen. Ich finde es schwer vorstellbar, dass er sich groß anstrengen musste, um ein Bild auf seine Leinwand zu zaubern. Vermutlich wird der große Picasso kaum erschöpft gewesen sein vom vielen Malen. Ich glaube eher, wenn man ihn vom Malen abgehalten hätte, wäre er angespannt und nervös geworden. Oder denken Sie mal an kleine Kinder, die oft stundenlang voller Begeisterung ein Spiel spielen können und dabei anscheinend die Zeit, sich selbst und alles andere um sie herum völlig vergessen. Sie sind im wahrsten Sinne des Wortes selbstvergessen, in ihrer eigenen kleinen Welt und glückselig. Wann haben Sie sich das letzte Mal ganz in Ruhe einem Thema gewidmet und beispielsweise im Urlaub ein Buch dazu gründlich gelesen? Erinnern Sie sich noch an das Glücksgefühl durch diese ungestörte Tiefe?

Wenn wir keinen Flow erleben, stockt unser Leben, irgendwie fließt es nicht richtig. Wir haben das Gefühl, wir müssten unser Leben selbst in die Hand nehmen – was in gewisser Hinsicht ja auch stimmt –, doch es kostet jede Menge Mühe, es krampfhaft am Laufen zu halten. Das ist das viel zitierte Hamsterrad, in das wir uns Tag für Tag gezwängt fühlen. Ein Grund dafür kann sein, dass wir in unserem Innersten verwirrt und unsicher sind, ob wir überhaupt das Richtige tun.

Wenn wir im Flow sind, verstummt unsere innere Stimme für eine Weile. Dann können wir all unsere Kraft auf das Ziel ausrichten und erleben, was wahrhaftige Freude bedeutet. Wenn wir Ort und Zeit vergessen, ergießen sich unsere Ideen in einem endlosen Strom, die Arbeitsergebnisse fließen einfach so aus uns heraus, als könnten wir gar nicht verhindern, dass es geschieht. Ohne größere Kraftanstrengung erledigen wir die Aufgaben, die gerade anstehen.

Flow ist in meinen Augen ein essenzieller Bestandteil für den Rhythmus unseres Lebens. Es hat dann einen leichten, angenehmen und unaufgeregten Groove, und wir haben das Gefühl, das Richtige zur richtigen Zeit und am richtigen Ort zu tun. Wobei »das Richtige« sehr individuell sein kann. Innere Klarheit ist kein absoluter Begriff. So wie alle Menschen verschieden sind, so sind auch unsere Sehnsüchte, Fähigkeiten und Träume unterschiedlich.

## Sehnsucht nach Tiefgang

Viele Vorträge beende ich mit einem sehr kraftvollen Zitat der amerikanischen Schriftstellerin Marianne Williamson. Es stammt aus ihrem Gedicht »Unsere größte Angst«: »Wenn wir uns von unserer eigenen Angst befreit haben, befreit unsere Gegenwart andere ganz von selbst.« Nachdem diese Worte verklungen sind, haben zahlreiche Zuhörer Tränen in den Augen. Viele Teilnehmer sprechen mich danach noch einmal darauf an oder berichten mir via E-Mail, dass sie dieses Zitat sehr berührt hat. Ich habe lange darüber nachgedacht, warum das so ist. Meine Erklärung: In uns allen gibt es diese Sehnsucht nach Tiefe.

Ich kenne das auch von mir selbst. Ich kann mich noch genau an den Moment erinnern, als ich dieses Zitat zum ersten Mal vernommen habe: Es war in einer Rede von Nelson Mandela, die mittlerweile ebenfalls legendär ist, und es hat mich tief berührt und gleichzeitig aufgewühlt. Und selbst heute, wo ich dieses Zitat schon in unzähligen Vorträgen meinem Publikum mit auf den Weg gegeben habe, lässt es mich kein einziges Mal kalt. Nach wie vor bringen diese Worte etwas in mir zum Schwingen, so wie eine uralte Kraft, die zum Leben erwacht ist und neu entdeckt werden will.

Tiefe ist zu einem seltenen und kostbaren Gut geworden, in unserer Gesellschaft ebenso wie in unseren Unternehmen und sogar in unseren zwischenmenschlichen Beziehungen. Gleichzeitig ist sie eine unserer größten Sehnsüchte. Was die Menschen mir gegenüber immer öfter beklagen, ist der Verlust an Tiefgang in Gesprächen. Sie empfinden unsere Welt zunehmend als oberflächlich. Auf Veranstaltungen, in Ansprachen und bei Empfängen werden lediglich Plattitüden ausgetauscht und unverfänglicher Smalltalk geführt, und oft geraten selbst Jahresgespräche in Unternehmen zu einer Ansammlung von Gemeinplätzen.

Gerade in der Zeit der Corona-Pandemie, die zwischenmenschliche Kontakte in Person auf ein absolutes Minimum reduziert hat und in der wir uns überwiegend über Bildschirme aus der Distanz begegnen, haben viele Menschen mit dem Gefühl der Isolation zu kämpfen. Enge und innige

Kontakte werden teilweise unmöglich gemacht, obwohl gerade jetzt aufrichtige Empathie, tiefgründige Gespräche und vielleicht sogar eine herzliche Umarmung vielen guttun würden. Wir erleben diese Sehnsucht nach Tiefgründigkeit und wahrhaftiger Bindung zwischen Menschen derzeit stärker als je zuvor. Das ist auch bei Lattoflex tagtäglich spürbar.

Doch wir müssen auch zugeben, dass wir uns oft in die Oberflächlichkeit flüchten, wenn wir die wahren Ursachen in der Tiefe fürchten, die wir bereits erahnen, aber noch nicht wahrhaben oder besprechen wollen. Dabei beinhalten enge, tiefe Bindungen auch, dass wir bereit sein müssen, uns mit all unseren Ängsten und dunklen Seiten unseren Mitmenschen zu offenbaren. Das ist der Preis dieser Tiefe und gleichzeitig das größte Geschenk, denn aus dieser Offenheit erwachsen gegenseitiges Vertrauen und Zuversicht, die uns als Gemeinschaft durch die Wellen des Lebens tragen.

## Faustischer Pakt im digitalen Zeitalter

Wir sehnen uns nach tiefgreifenden Gedanken und Ideen, die uns berühren, zum Nachdenken anregen und uns so zu einer neuen Klarheit führen können – zu der Erkenntnis, was wir wirklich wollen und wohin unser Weg führt. Das gilt im Kleinen, bei den vielen Aufgaben, die wir tagtäglich zu erledigen haben, genauso wie für unsere langfristige Ausrichtung.

Doch unsere heutige Welt verführt uns an allen Ecken und Enden dazu, schnell in die Breite zu gehen. Damit meine ich nicht die Körperfülle, sondern dass wir uns oft verlieren –

wobei manchmal tatsächlich unsere Gesundheit aus dem Blick gerät, weil wir durch andere Dinge abgelenkt sind. Es ist fast so, als wollte uns die Welt immer wieder auf die Probe stellen, und oftmals fällt es uns schwer, ihren Verlockungen zu widerstehen. Unzählige Fernsehkanäle und Streamingdienste, Apps auf unserem Smartphone und die unfassbaren Möglichkeiten des Internets sind Segen und Fluch zugleich. Es ist ein regelrechter faustischer Pakt. Wir schließen einen Vertrag mit dem Teufel. Er verspricht uns, die ganze Welt zu uns ins Wohnzimmer zu holen und jederzeit verfügbar zu machen. Doch der Preis, den wir dafür zahlen müssen, ist hoch. Es ist der Verlust unserer Mitte und damit unserer klaren Sicht auf uns und das Leben.

Verstehen Sie mich bitte nicht falsch, ich habe keinerlei Probleme mit der modernen Technologie. Im Gegenteil. Ich habe meinen ersten Computer 1981 programmiert und liebe die Möglichkeiten der Digitalisierung. Dennoch werde ich mir immer mehr der Gefahren bewusst, die der digitale Wandel in unser Leben einschleust, quasi durch die Hintertür. Wir können heute auf elektronischen Geräten jederzeit und an jedem Ort fast jedes Buch herunterladen, das je geschrieben wurde. Das gesamte Wissen der Menschheit kommt auf Knopfdruck zu uns nach Hause. Doch das steigert oft nicht unsere Klarheit, im Gegenteil.

Im Bereich Wissen verführt uns das Internet mit all den Möglichkeiten, die uns rundherum zur Verfügung stehen, schnell in die Breite zu gehen statt in die Tiefe. Das kennt jeder aus leidvoller Erfahrung: Wir wollen »ganz kurz« im Internet recherchieren, zum Beispiel etwas über ein spezielles

Thema herausfinden, und ehe wir uns versehen, haben wir unzählige Tabs im Browser geöffnet, klicken ziellos umher und laden alle möglichen Dokumente herunter, auch solche, die mit unserer ursprünglichen Fragestellung wenig bis gar nichts zu tun haben. Die Zeit verfliegt – und oft genug finden wir keine abschließende Antwort, sondern immer mehr Fragen. Denn immer neue Möglichkeiten eröffnen sich. Das Ergebnis: heillose Verwirrung statt befreiende Klarheit.

Information allein ist aber nicht das Problem, auch nicht die Fülle. Es ist mangelnde Klarheit darüber, was die richtigen Informationen im Moment sind. Meiner Meinung nach müssen wir lernen, mit diesen Chancen gut umzugehen, ohne dabei den Verführungen zu erliegen. Deshalb gilt für mich in puncto Klarheit: Tiefe statt Breite. Lieber eine Information oder eine Frage in Ruhe durchdenken und analysieren, als hundert Fragen gleichzeitig anzugehen und uns in der Unendlichkeit von Informationen zu verlieren.

Obwohl dieser Aspekt im Zeitalter der Digitalisierung überaus präsent und sichtbar wird, trifft er auch auf sämtliche andere Lebensbereiche zu. Ich bin davon überzeugt, dass die Ursache dafür, dass wir ein Problem nicht lösen können oder lange Zeit wie erstarrt an einer Stelle festhängen, darin liegt, dass wir in die Breite geflüchtet sind, statt uns in die Tiefe vorzuwagen. Schon oft habe ich Menschen denselben Ratschlag gegeben, wenn sie sich fragend an mich gewandt haben, was sie jetzt tun sollten: Zunächst müssen wir ein Problem in aller Ruhe und in der Tiefe betrachten und verstehen. Erst danach können wir über die nächsten Schritte nachdenken und entscheiden. Umgekehrt geht es nicht. Der Vorstoß in die Tiefe ist elementar und sicherlich eine der größten Herausforderungen in unserer lauten Welt, die nur so vor Ablenkungen wimmelt.

## Digitale Krücken

Innere Klarheit kann auch nicht durch irgendwelche neuen angesagten digitalen Projektmanagementtools ersetzt werden. Technologie allein kann uns nicht retten und uns den inneren Kompass zurückgeben, den wir so schmerzlich vermissen.

Das lässt sich mit einem Vortrag vergleichen, den wir mit einer Powerpoint-Präsentation begleiten wollen: Wenn wir bei dem Thema noch im Unklaren sind, wenn in unserem Kopf keine innere Ordnung herrscht, wenn die Gedanken sich zerfasern, wird uns das Computerprogramm nicht dabei helfen, eine fesselnde Präsentation auf die Beine zu stellen. Im Gegenteil: Innere Unklarheit führt zu verwirrenden Botschaften und unübersichtlichen Folien, die kein Zuhörer verstehen wird. Darüber hinaus neigen wir in solchen unklaren Momenten dazu, Unmengen von Zeit in die akribische Formatierung zu stecken, mit Folienübergängen herumzuspielen und die wildesten Animationen ablaufen zu lassen, um unsere Präsentation vermeintlich kraftvoller und überzeugender erscheinen zu lassen, wobei wir im Grunde nur über unseren Mangel an Klarheit hinwegtäuschen. Oftmals ist uns das nicht einmal bewusst.

Der Einsatz von Technologie ähnelt in gewisser Weise dem verzweifelten Versuch, eine Krankheit zu heilen, ohne sich auf den beschwerlichen Weg zu machen, die wirklich wichtigen Fragen bei der Anamnese zu stellen, um der wahren Ursache auf den Grund zu kommen. Wir geben uns stattdessen mit der leichten Lösung zufrieden. So wie ein Schmerzmittel beseitigt das zwar nicht die Ursache, aber es verschafft uns einen Moment der Erleichterung. Doch von einer Heilung sind wir noch weit entfernt, womöglich wird durch das Übertünchen sogar der Heilungsprozess verlängert, da wir eine Zeit lang den Schmerz betäubt haben, nichts mehr spüren und uns weiterhin überlasten. Ähnlich ist es auch mit unseren vielfältigen digitalen Krücken.

Unser Fluchtimpuls in die Welt da draußen wird uns nicht weiterbringen. Im Gegenteil: Mit jeder neuen Kompensation steigt unser Frust, und wir erhöhen das Risiko zu scheitern. Das setzt einen Teufelskreis in Bewegung, den wir in allen Lebenslagen beobachten können. Je stärker uns die Klarheit im Inneren verloren geht, desto stärker verlieren wir uns im Außen. Und je verwirrter wir sind über unseren Platz in der Welt und unseren Weg im Leben, desto massiver stürzen wir uns in immer neue Ablenkungen. Das nächste Tool wird uns retten! Das nächste Smartphone mit der neuesten App bringt uns wieder näher zu unserem Ursprung! Die längste Aufgabenliste wird uns zurück auf die Erfolgsspur bringen! Es erscheint absurd, aber zahlreiche Menschen sind diesem Irrglauben verfallen.

Ich kann mich noch gut an einige Situationen erinnern, als ich vor etwas mehr als zehn Jahren Workshops zu Projektmanagement und effektivem Arbeiten gegeben habe. Dort saßen überwiegend Teilnehmer, die von mir eine konkrete Empfehlung für das beste Tool und die beste Software haben wollten, die sie kaufen und im Unternehmen ausrollen könnten. Dann würde alles Weitere sich schon von allein regeln. Natürlich kann ich nicht mit Sicherheit sagen, ob sie tatsächlich an die Übermacht dieser Tools glaubten oder ob das ein Auswuchs von blindem Aktionismus war. Doch ich muss sagen, auch heute fällt mir immer wieder auf, welcher enorme Hype gerade im Bereich der Projektmanagementtools entsteht. In den vergangenen Jahren waren es beispielsweise Asana oder Trello, die wie heilsbringende Werkzeuge angepriesen wurden. Bis das nächste neue Wunderwerkzeug erfunden wird.

Wir erliegen der unrealistischen Hoffnung, dass die Welt da draußen uns irgendwann über das nagende Gefühl der wachsenden Unklarheit hinwegtröstet. Doch es gibt kein Patentrezept, keinen Zauberstab, keine Wundermedizin, kein Tool, keine App, die uns von dem Übel der Unklarheit erlösen könnten. Sobald Sie sich das eingestehen können, sind Sie bereits einen großen Schritt weiter.

## Stützende Strukturen

Häufig gehen wir hinaus in die Welt und handeln kopflos, ohne in der Tiefe ergründet zu haben, ob wir es aus der richtigen Motivation heraus und mit unserer vollen Kraft tun. Und oftmals suchen wir im Außen nach Klarheit oder verlangen sie von anderen, obwohl in uns selbst Chaos herrscht.

Unser Leben wäre doch um einiges leichter, wenn jemand anders uns die passenden Antworten liefern würde, oder? Nein, wenn wir ehrlich sind, wissen wir, dass dies reines Wunschdenken ist. So sehr wir auch darum betteln, dass unser Vorgesetzter, die Regierung oder die Gesellschaft uns endlich klare Antworten vorgeben möge – es wird in den meisten Fällen in die Irre führen. Wenn unsere Gedanken durcheinander sind und wir uns nicht im Klaren darüber sind, wohin wir eigentlich wollen, wie könnte irgendeine Struktur im Außen dann Klarheit für uns schaffen?

Zweifellos gibt es unterstützende und eher hinderliche Strukturen im Außen für unsere Klarheit. So ist es erfahrungsgemäß eine große Hilfe, wenn es im Team und im gesamten Unternehmen eine grundsätzliche Übereinkunft gibt. Das bedeutet, dass Aufgaben und Verantwortlichkeiten sauber geregelt sind und die Schnittstellen zwischen den Abteilungen und betreffenden Mitarbeitern bekannt sind. In den meisten hierarchisch organisierten Unternehmen ist das der Fall. Heutzutage gibt es aber auch zahlreiche neue Managementkonzepte, welche die Zusammenarbeit im Unternehmen ohne ein klares, traditionelles Organigramm regeln, beispielsweise Holacracy,[4] ein agiler Ansatz von Brian Robertson, der vor allem in der Start-up-Kultur seit einigen Jahren heiß diskutiert wird. Hier gibt es keinerlei hierarchische Organisationsstruktur, keine strengen Abteilungen, keine festen Befugnisse. Damit nicht alles in Chaos und Frustration endet, muss es noch stärker als in herkömmlichen Organisationsformen eine Übereinkunft zu inneren Spielregeln und Verantwortlichkeiten geben. Kommunikation wird zum Schlüssel. Die Mitarbeiter müssen wissen, was das gemeinsame Ziel ist und welche Rolle sie im Gesamtsystem spielen.

Ein Mindestmaß an Struktur muss schon vorhanden sein, sonst wird die Organisation zum Hindernis auf unserem Weg zur Klarheit.

## Keine Antworten im Außen

Stellen Sie sich vor, das Chaos im Außen würde von einer guten Fee weggezaubert. Würde das allein all die offenen Fragen und die Verwirrung in Ihrem Inneren auflösen? Ich wage zu behaupten: Nein. Langfristig führt kein Weg daran vorbei, bei uns selbst zu beginnen. Auch mich haben in den vergangenen Jahren zahlreiche Menschen um Rat gefragt, und sie wollten von mir klare, eindeutige Antworten hören: ob ihr Job der richtige sei, die Beziehung, die sie leben, die wahre Partnerschaft sei, oder ob ihre Ziele in ihrem Unternehmen zu ihnen passten. Im Coaching war es mir ein Anliegen, diese Fragen umzudrehen und die Menschen wieder auf sich selbst zurückzuführen, indem ich sie sanft an ihre Quelle leitete, wie in dem Bild vom plätschernden Gebirgsbach.

Ich weiß aus Erfahrung, wie schwer das alles sein kann. Denn es ist so viel leichter, anklagend mit dem Finger auf die Welt da draußen zu zeigen, die uns so viele Steine in den Weg legt, ohne dass wir irgendetwas dafür könnten, und den Menschen in unserem Umfeld jene Aufgaben zuzuweisen, vor denen wir uns drücken wollen. Die Ursachen dafür sind sicherlich vielschichtig, doch im Kern sind es oft unsere eigene Angst oder Unsicherheit sowie der sehnliche Wunsch nach einer schnellen und einfachen »Lösung« als Ausweg aus unserem Dilemma.

Davor ist niemand gefeit, auch ich nicht, denn wir sind nicht perfekt und werden von unseren Gefühlen geleitet. Wenn ich so zurückblicke auf mein eigenes Wirken, fallen mir einige Situationen ein, in denen ich in solche Denk- und Verhaltensmuster verfallen bin. Natürlich meckerte auch ich manchmal ärgerlich vor mich hin, beschwerte mich über einen Mitarbeiter und wollte am liebsten vehement von der Person fordern, sich gefälligst zu ändern oder endlich dazuzulernen. Oder ich regte mich über einen Kunden auf, der offenbar unsere Produkte nicht wertzuschätzen wusste, statt mich zu fragen, ob womöglich etwas an unseren Leistungen noch nicht stimmig genug war.

Heute weiß ich, dass ich bei mir selbst beginnen muss, gerade als Führungskraft, aber ich behaupte nicht, dass es mir jeden Tag leichtfällt oder hundertprozentig gelingt. Meine Reflexionszeiten und gelegentlichen Auszeiten nutze ich, um mit etwas Abstand herausfordernde Situationen in Ruhe zu durchdenken und zu einer Lösung zu kommen, die allen Beteiligten hilft (dazu später mehr).

Mit dem Finger auf andere zu zeigen, verändert gar nichts. Jemand hat mir einmal gesagt: »Wem du die Schuld gibst, dem gibst du auch die Macht.« Ich finde, das ist ein sehr kluger Satz, aber er ist schwer zu schlucken und noch schwerer zu verdauen. Nichtsdestotrotz ist er richtig und wichtig: Es ist und bleibt unsere höchstpersönliche Aufgabe, unsere Fragen für uns selbst zu beantworten. Darauf zu warten, dass andere unsere Probleme lösen, verlängert nur unsere Qualen. Wenn ich auf die vergangenen Jahrzehnte zurückblicke, kann ich Ihnen voller Überzeugung sagen: Immer wenn ich bereit war, bei mir selbst zu beginnen und in meinem Inneren wieder für Klarheit zu sorgen, konnte ich anschließend mit viel mehr Leichtigkeit alles Nötige im Außen sortieren und ordnen.

## Die Kraft im Inneren

Wer sich schon mal mit asiatischen Kampfkünsten beschäftigt hat, etwa jenen der legendären Shaolin-Mönche, weiß, dass die Kampftechnik im Wettkampf untergeordnet ist. Natürlich haben die Kämpfer in vielen Stunden harten Trainings ihre Fähigkeiten stetig ausgebaut und verbessert. Entscheidend ist in der Wettkampfsituation aber vor allem die mentale Vorbereitung, also die Einstimmung auf das Duell. Der Shaolin-Mönch bleibt bei sich, in sich gekehrt, mit geschlossenen Augen, er konzentriert sich auf seine Atmung, beobachtet seine Gedanken und Gefühle und fokussiert sie gegebenenfalls neu auf den bevorstehenden Kampf.

Wenn wir in unseren Organisationen, ob im Kleinen oder Großen, einen entscheidenden Sprung nach vorne machen wollen, bleibt uns kaum etwas anderes übrig, als bei uns zu beginnen. Gleiches gilt für jede Partnerschaft oder Familie. Eine Beziehung auf eine neue Ebene zu heben, voller Inspiration und Energie, bedeutet vor allen Dingen, dass wir den ersten Schritt machen müssen. Und dieser Schritt führt tief in unser Innerstes.

Einer meiner Freunde, der Coach Alexander Christiani, hat es treffend so formuliert: »Der äußere Durchbruch folgt immer dem inneren Durchbruch!« Das ist die einzig richtige Reihenfolge. Ich weiß, dass dieser Ansatz ungemütlich anmutet, und manche Entdeckung wird Sie vielleicht sogar im ersten Moment erschrecken. Aber es ist, wie es ist: Wir brauchen als Erstes Klarheit in der Beziehung zu uns selbst, um uns aus unserer inneren Überzeugung heraus auszurichten und so den richtigen weiteren Weg für uns zu identifizieren. Nichts erleichtert unser Leben so sehr wie eine Handlung, die aus einer inneren Klarheit heraus gespeist ist. Dann läuft es fast wie von selbst, und unser Projekt schnurrt wie ein Uhrwerk. Alles greift ineinander, und wir erreichen unsere Ziele.

## Wegweiser im inneren Chaos

Aller Erfolge und allem Wohlstand zum Trotz steigt hierzulande unser Stresslevel stetig an. Wir fühlen uns gehetzt. Kaum haben wir eines unserer Ziele erreicht – ob privat oder beruflich –, schauen wir uns schon um, wohin die Reise nun gehen soll. Ein Trend jagt den nächsten. Und wir haben das Gefühl, wie ein Surfer in einem endlosen Meer von hohen und stürmischen Wellen irgendwie den Kopf über Wasser halten zu müssen. Zweifellos kann dieses Surfen in den Wellen des Lebens sehr aufregend sein. Es ist wie der Besuch im Freizeitpark, an jeder Ecke gibt es etwas Neues zu sehen, und die nächste Attraktion ist noch aufregender als die vorige! Doch wir dürfen nicht vergessen, dass diese permanenten

Impulse uns womöglich von unserem Weg zur Klarheit abbringen können. Dieses nie enden wollende Feuerwerk von Sinneseindrücken und Verlockungen lässt uns nach vorne hetzen, wobei unser innerer Kompass aus dem Fokus und manchmal sogar eine Weile komplett in Vergessenheit gerät.

Es gibt diese stillen Momente im Leben, in denen wir uns bewusst fragen: Ist dieses Leben wirklich unser Traumleben? Da ist diese innere Stimme, die sich vehement Gehör verschaffen will: Sind wir am richtigen Ort? Stimmt der Kurs, auf dem wir uns befinden? Doch leider ist unser Leben so laut geworden, dass es immer schwerer ist, diese leise Stimme überhaupt wahrzunehmen, die uns bei der Orientierung helfen soll. Manchmal überhören wir sie aber auch absichtlich, weil sie bisweilen unangenehm und lästig ist. Wir wollen sie dann mit allen zur Verfügung stehenden Mitteln übertönen, indem wir uns ablenken, denn zu schmerzhaft sind ihre bohrenden Fragen, zu furchteinflößend die möglichen Konsequenzen.

## Endloser Gedankenstrom

Bei unserem inneren Aufräumprozess kommen wir nicht umhin, uns intensiv mit dem endlosen Gedankenstrom in unserem Kopf auseinanderzusetzen. Unser Verstand produziert pausenlos Gedanken – mehrere Zehntausend pro Tag! – die mehr oder weniger sinnvoll oder hilfreich sind. Unablässig schießen Ideen, Wünsche, Sorgen, Ängste, Fantasien und Inspirationen durch unsere Hirnwindungen. Das passiert blöderweise vor allem dann, wenn wir ruhig werden oder abends im Bett liegen. Aber auch in einer Reflexion oder Meditation, wenn wir ganz bewusst die Stille suchen. Dann wird es in unserem Kopf auf einmal sehr, sehr laut. So laut, dass wir es manchmal kaum aushalten können und die Meditation abbrechen.

Gerade unsere negativen Gedanken und Gefühle, die Sorgen und Nöte, die wir tagtäglich mit uns herumschleppen, behindern unseren Weg zur Klarheit enorm. Vor lauter scheinbar unbeantwortbaren Fragen schwirrt uns am Ende der Kopf, und wir wissen einfach nicht weiter.

Auf der privaten Ebene fangen wir an zu zweifeln:

- »Lebe ich das Leben, das ich leben wollte?«
- »Teile ich es mit dem richtigen Partner beziehungsweise den richtigen Menschen?«
- »Ist mein Lebenskonzept, also das, was ich tagtäglich tue, im Einklang mit meinen Vorstellungen und Werten?«

Im beruflichen Umfeld treiben uns Fragen um wie:

- »Ist das eigentlich der richtige Job für mich?«
- »Arbeite ich in der richtigen Branche? Im richtigen Unternehmen?«
- »Ist das meine wahre Berufung?«
- »Ist es das, was ich immer tun wollte?«

Als Unternehmer oder Führungskräfte kommen weitere schwerwiegende Fragen hinzu:

- »Welches sind die richtigen Projekte?«
- »Habe ich meine Abteilung richtig ausgerichtet?«
- »In welche Richtung sollte ich meine Firma entwickeln, um zukunftsfähig zu bleiben?«
- »Wo wollen wir als Team oder als Unternehmen in fünf, zehn oder zwanzig Jahren sein – und wie sieht dann wohl die Welt aus?«

Verwirrung und Unklarheit führen zu einer gewissen Instabilität, tiefe Verunsicherung kennzeichnet diesen Zustand. Dann stellen wir uns solche Fragen, auf die wir spontan keine Antwort haben. Leider weichen wir aus Angst oft vor diesem Gefühl der Verunsicherung zurück. Wir stürzen uns lieber ins laute Getümmel der Welt und lenken uns ab, weil wir die tiefere Auseinandersetzung scheuen.

Unsere Selbstzweifel bewusst wahrzunehmen und zu akzeptieren, dass wir für den Moment keine Antwort auf unsere großen Lebensfragen haben, birgt jedoch die Chance, neue Antworten auf diese drängenden Fragen zu finden – auch wenn das im ersten Moment vielleicht unlogisch klingt. Die Entscheidung liegt bei uns allein: Flüchten wir, oder halten wir einen Moment inne und ergründen das, was uns gerade umtreibt? Vor allem wenn wir nicht wissen, was »richtig« ist, gilt es, ganz bewusst eine Pause einzulegen und eine Weile den Zustand der Unklarheit auszuhalten, bis wir unserer Sache wieder sicher sind.

»Das freie Meer
befreit den Geist.«

Johann Wolfgang von Goethe

# Die volle Teetasse

Ein Professor von einer berühmten Universität kommt zu einem alten Zen-Meister ins Kloster gerannt. Aufgeregt betritt er den Raum, stürzt auf den Meister zu und beginnt sofort zu reden: »Meister, bitte erkläre mir doch, worum es bei der Meditation und bei dem Zen geht. Ich hätte gerne diese Informationen in kurzen, knappen Worten, bevor ich nachher wieder zur Universität zurückkehre.«

Der Meister lächelt und fragt den Gast, ob er vielleicht einen Tee trinken möchte.

Der Professor antwortet, schon etwas ungeduldig: »Ja, klar. Aber was ist denn nun Zen und die Meditation?«

Der Meister lässt sich nicht beirren. Er nimmt eine Teetasse und gießt frischen Tee ein. Und er gießt und gießt. Die Tasse füllt sich bis zum Rand, der Tee quillt über und verteilt sich auf dem Fußboden.

Aufgeregt springt der Professor auf und ruft: »Meister, siehst du denn nicht? Die Tasse ist voll!«

Da lächelt der Meister den Professor an: »So wie mit dieser Tasse ist es auch mit deinem Geist. Er ist so voll, dass nichts Neues mehr darin Platz hat. Leere deinen Geist – dann komm wieder, und ich werde dir deine Fragen beantworten.«

Diese kurze Geschichte, die mir in unterschiedlichen Versionen in nahezu jedem Zen-Buch begegnet ist, hat mich auch in Bezug auf Klarheit nachdenklich gestimmt. Auf dem Weg dorthin stehen uns immer wieder unsere Gedanken im Weg. In einer ewigen negativen Spirale drehen sie sich oft um dieselben Sorgen und schrägen Ideen. Das blockiert uns, und es wird schier unmöglich, neue Wege in unserem Leben und für unsere Unternehmen zu finden. Wäre es nicht wundervoll und befreiend, wenn es in uns einen Schalter gäbe, mit dem wir diesen Gedankenstrom einfach anhalten könnten? Dann könnten wir »Stopp!« sagen und in dem sich eröffnenden Raum ganz neue Gedanken erschaffen. Ich muss Sie enttäuschen: So einen Aus-Schalter gibt es leider nicht. Was wir jedoch mit etwas Übung erreichen können, ist, unsere Gedanken und Gefühle bewusst wahrzunehmen.

Zu registrieren, dass dort Gedanken sind, ohne ihnen nachzuhängen, ist ein enormer Fortschritt. Einem Gedanken nur nachschauen zu können, ohne an ihm kleben zu bleiben, bedeutet vor allem ein enormes Maß an Freiheit. Statt Energie und Zeit damit zu vergeuden, unwissentlich und unbewusst einem Strom von mehr oder minder sinnvollen Gedanken nachzuhängen, können wir lernen zu bemerken, wie dieser Gedanke in unserem Gehirn entsteht – und verschwindet. Zugegeben, das ist nicht ganz leicht, und ein wahrer Meister darin wird man vermutlich erst nach vielen Jahren oder gar Jahrzehnten der Meditation, doch der Versuch lohnt sich allemal!

Ich finde, es ist schon ein enormer Fortschritt, wenn wir uns die Tatsache bewusst machen, dass wir vielen Gedanken und Gefühlen unnötig nachhängen und welche Energien wir freisetzen könnten, wenn wir das nicht immer täten. Jeder Gedanke weniger, der uns blockiert, verschafft uns ein Stückchen mehr Freiraum und Klarheit.

## Der See der Gedanken

Der amerikanische Selbstmanagement-Coach David Allen prägte die Idee »Mind like Water«.[5] Er meint damit einen Geist wie einen ruhigen, klaren See. Inspiriert aus den asiatischen Kampfkünsten, ist es der Versuch, den Gedankenstrom zu stoppen, auch wenn das nie vollständig gelingen kann. »Mind like Water« ist ein mentaler Zustand, in dem wir einen klaren Kopf haben, in dem wir frei Gedanken erschaffen können, ohne dass uns Gedanken von innen oder Ablenkungen von außen unseren Fokus rauben.

Dieses Bild hat mir immer sehr gut gefallen: Ein See an einem windstillen, sonnigen Tag. Das Wasser ist wie ein Spiegel – glatt und ruhig. Nun werfen wir einen Stein hinein, ringförmig entstehen sofort gleichmäßige Wellen, das Wasser wird ein bisschen aufgewühlt. Doch schon nach sehr kurzer Zeit ist der See wieder so, wie er vorher war: ruhig und still. Wir wissen bald kaum mehr, wo genau wir den Stein ins Wasser geworfen haben.

Dieses wundervolle Bild kann helfen, ein Ziel für den eigenen Verstand zu formulieren. Einen Verstand, der so ruhig ist wie dieser See an einem windstillen, sonnigen Tag. Selbstverständlich gibt es tagtäglich Ereignisse, die auf uns einprasseln, manchmal gänzlich unerwartet. Das sind die Steine, die auf die Wasseroberfläche treffen. Das wühlt uns innerlich auf, weil automatisch Gefühle und weitere Gedanken als Reaktion darauf entstehen. Im Idealfall sollte jedoch schon nach kurzer Zeit alles wieder so sein wie vorher. Ruhig und klar.

## Die Steine des Alltags

Es gibt unzählige Steine, also Störungen, die unser Leben durcheinanderbringen. Diese Steine können im Arbeitsalltag jedwede Form annehmen: unerwartete Nachrichten, das klingelnde Telefon, der Kollege, der »nur ganz kurz« etwas fragen möchte et cetera. Vielen davon können wir uns nicht entziehen, weil wir darauf keinen Einfluss haben. Entscheidend ist daher, unser Inneres so zu organisieren, dass unerwartete Ereignisse uns möglichst wenig stören, damit wir schnell wieder in einen stabilen und entspannten Zustand zurückkehren können. Das Ziel ist es, wieder fokussiert, entspannt und ausbalanciert dem Leben gegenüberzutreten. Wie schon gesagt: Einen Schalter gibt es dafür nicht, aber Methoden, diesem mentalen Zustand so nahe wie möglich zu kommen.

Mein Tipp ist, allen Gedanken kurz Aufmerksamkeit zu schenken, indem wir sie notieren, wie uns der Schnabel gewachsen ist. Nichts wird beschönigt, sondern der Gedanke im Wortlaut unserer inneren Stimme aufgeschrieben. Das kann helfen, wenn wir aufgebracht sind oder nachts nicht zur Ruhe finden. Meine Erfahrung zeigt, dass diese recht einfache Technik einen enormen Beitrag dazu leistet, den Geist wieder zu beruhigen.

## Unterdrückung unerwünschter Gedanken

Der krampfhafte Versuch, immer »positiv zu denken«, hilft meist überhaupt nicht weiter, denn wir können unsere Gedanken und Gefühle nicht bewusst lenken und steuern. Ich finde sogar, permanent positives Denken behindert den Prozess auf dem Weg zur Klarheit, weil wir krampfhaft versuchen, unser Gedankenkarussell zu stoppen, indem wir lauter neue, angeblich positive Gedanken hinzufügen. Das bestätigt auch meine jahrelange Erfahrung bei der Arbeit mit vielen Teams und Menschen: Positives Denken führt allzu oft zu einer Leugnung der Gegenwart, weil wir uns die Probleme schönzureden und Schwierigkeiten zu kaschieren versuchen. Die Dinge sind aber nun mal so, wie sie sind. Es hilft nicht, uns einreden zu wollen, dass die Welt anders wäre, als sie ist, und alles, was uns in unserem Kopf nicht gefällt, zu unterdrücken.

Es gibt zudem zahlreiche Forschungsergebnisse, was das Unterdrücken von unerwünschten Gedanken angeht. An der psychologischen Fakultät der University of New South Wales und Monash University in Australien wurde dazu kürzlich eine von vielen Studien zu diesem Thema durchgeführt. Die Ergebnisse wurden im *Journal of Cognitive Neuroscience* veröffentlicht und belegen durch Gehirnscans, dass es praktisch unmöglich ist, bewusst Gedanken zu unterdrücken und zu löschen. Die Forscher beschreiben es eher so, dass wir eine Art Rangfolge der Gedankengänge haben, sie aber weiterhin im Hintergrund vorhanden sind und unbewusst unsere Energie und Aufmerksamkeit fordern.[6]

Der beste Weg zu einem ruhigen Geist ist der bewusste Umgang mit unseren Gedanken und Gefühlen, also die gezielte Wahrnehmung dessen, was in unserem Inneren los ist. Ich meine damit keineswegs, dass wir alle pessimistisch durch die Welt laufen müssten. Ich bin selbst stets voller Hoffnung, dass die Dinge ein gutes Ende nehmen werden, das ist meine innere Einstellung und meine Sicht auf die Welt. Dennoch würde ich nie versuchen, meinen Geist mit positivem Denken zu überfluten, in der Absicht, dass dies meine Klarheit und Kreativität steigern soll. Ein realistischer Blick auf die Welt, auf unser Leben und unsere momentane Lage sollte stattdessen unser Ziel sein. Nur das verschafft uns Klarheit.

## Offene Schleifen

»Offene Schleifen« sind ein psychologisches Phänomen, das als Erstes wohl von der russischen Psychologin Bluma Zeigarnik beschrieben wurde. Deshalb wird es auch »Zeigarnik-Effekt« genannt. Sie untersuchte, wie lange sich Menschen an nicht abgeschlossene Vorgänge und Aufgaben erinnern, im Gegensatz zu ihrem Erinnerungsvermögen an bereits abgeschlossene Projekte. Sie stellte fest, dass eine Bedienung im Restaurant sich ausgezeichnet erinnern konnte, an welchem Tisch welcher Gast welches Gericht bestellt hatte – doch sobald der Gast bezahlt hatte und damit der Vorgang abgeschlossen war, nahm das Erinnerungsvermögen an die Bestellung dramatisch ab.[7]

Unser Gehirn »klebt« also förmlich an offenen Vorgängen fest. Es versucht immer wieder, auf unabgeschlossene Aufgaben hinzuweisen und sie uns in Erinnerung zu rufen. Dieser Vorgang passiert völlig selbstständig, praktisch unbewusst und ohne dass wir ihn kontrollieren können. Es ist wie ein

»Hintergrundrauschen«. Wir spüren immer, dass da etwas ist. Es zieht einen Teil unserer Aufmerksamkeit auf sich, egal ob wir es nun wollen oder nicht. Das kostet eine Menge Energie – zumal dieser Vorgang nahezu unabhängig ist von der relativen Wichtigkeit einer Aufgabe: »Auf dem Nachhauseweg im Getränkemarkt noch eine Kiste Wasser holen« rückt ebenso immer wieder von Neuem in den Vordergrund wie »Den Jahresabschluss fertigstellen« oder »Mutter zum Geburtstag gratulieren«.

Das bedeutet, offene Vorgänge und nicht abgeschlossene Themen in unserem Leben beanspruchen unsere Gehirnkapazität, ohne dass sie zu irgendeinem Ziel führen. Unsortiert klammert sich unser Verstand an unausgesprochene Gedanken und nicht abgeschlossene Aufgaben. Das hilft uns nicht weiter, denn so bleibt gegebenenfalls nicht genügend Raum für Kreativität und Neues. Dabei sollte unser Gehirn doch dafür da sein, neue Ideen zu kreieren, statt sich permanent an unnötige offene Schleifen zu erinnern.

Natürlich können Sie nicht sofort alles erledigen, was auf Ihrer mentalen To-do-Liste steht. Aber Sie können dafür Sorge tragen, sehr bewusst mit dieser Erkenntnis umzugehen. Den Zeigarnik-Effekt hat auch David Allen in seinem Konzept »Getting Things Done« aufgegriffen. Er ist sogar zu einem der Kernelemente seiner Methodik für stressfreies Arbeiten geworden. Seiner Meinung nach sollten wir besondere Aufmerksamkeit darauf lenken, die Anzahl der offenen Vorgänge in unserem Leben möglichst gering zu halten. Zudem ist es wichtig, dass wir diese außerhalb unseres Kopfes abspeichern, gewissermaßen extern downloaden. Das kann ein klassischer Notizzettel sein, aber auch eine Software oder App – ganz wie Sie mögen. Denn auch das zeigen die Untersuchungen und Beobachtungen zum Zeigarnik-Effekt: Sobald eine offene Aufgabe aus dem Kopf heraus ist, kann das Gehirn sich entspannen, und es entsteht neuer Raum für Klarheit und Kreativität.

## Auf Spurensuche im Inneren

Reflexion ist ein essenzieller Schritt auf dem Weg zur Klarheit. Wann immer uns in unserem Leben scheinbar unlösbare Probleme begegnen, wir einen neuen Weg brauchen oder eine schwierige Entscheidung fällen müssen, ist ein Rückzug sinnvoll. Damit ist aber nicht der Fluchtgedanke gemeint, von dem im Einstimmungskapitel die Rede war. Sie sollen nicht weglaufen, weil Sie sich mit der aktuellen Situation nicht auseinandersetzen wollen. Ganz im Gegenteil: Sie ziehen sich bewusst zurück, um in Ihrem Inneren nach Ihrer Wahrheit, nach Ihrer richtigen Lösung zu suchen. Sie lassen sich eine Weile treiben, um Ihrem Unterbewusstsein die Chance zu geben, eine Antwort zu produzieren.

Viele Menschen glauben jedoch nach wie vor, wenn sie nur lange genug über ein Problem nachdenken und intensiv ihrem Ziel hinterherjagen, werden sie es schon schaffen. Sie verbeißen sich regelrecht in das Problem. Und oftmals erleben sie dann das schreckliche Gefühl, dass die Klarheit mehr und mehr schwindet. Sie verlieren sich in einem Chaos von Gedanken und Gefühlen. Wir kennen es vermutlich alle aus eigener Erfahrung: Wir wissen genau, dass es nichts bringt, nächtelang wach zu liegen und unsere Gedanken immer und immer wieder um dieselben Ängste und Sorgen kreisen zu lassen. Wir werden kaum zu einer neuen Lösung gelangen – schon gar nicht um 3 Uhr morgens. Doch wir können nicht anders, wir hängen fest und malen uns sämtliche möglichen Folgen in den düstersten Farben aus, das Gedankenkarussell dreht sich immer schneller mit immer schrecklicheren Horrorszenarien.

Dabei braucht unser Gehirn für Klarheit und neue Ideen Freiraum und Freiheit. Es bedarf so etwas wie Langeweile in unserem Kopf, damit wir unsere innere Teetasse leeren und mit neuen Gedanken füllen können. Entspannung und Ruhe helfen uns bei diesem »Entleerungsprozess«.

## In der Stille

Vor Jahren habe ich an einem mehrtägigen Schweigeseminar in einem Zen-Kloster teilgenommen, um genau diese Ruhe in meinem Kopf wiederzuerlangen. Es war damals eine sehr unruhige Zeit bei Lattoflex, wir steckten in einer tiefen Krise, und ich wusste keinen Ausweg. Die Teilnehmer plagten all die »normalen« Probleme unserer Gesellschaft: Von Stress im Beruf über eine anstehende Scheidung bis hin zum drohenden Firmenkonkurs war alles dabei. Nach einer kurzen Vorstellungsrunde mussten wir mehrere Tage schweigend verbringen, selbst während der Essenszeiten durfte nicht gesprochen werden.

Ganz ehrlich: Zu Beginn war es die pure Hölle! In meinem Kopf kreisten Gedanken, Gefühle, Zweifel, Ängste, Sorgen wild durcheinander – immer kommentiert von meiner inneren Stimme, die einfach nicht still sein wollte. Nach außen hin blieb ich stoisch auf meinem Meditationskissen sitzen, meine inneren Kämpfe waren mir nicht anzusehen. Vermutlich erging es den anderen Teilnehmern ähnlich. Es war kaum auszuhalten, und irgendwann kam der Gedanke in mir hoch: »Was für eine blöde Idee! Schweigeseminar … das bringt doch nichts. Komplette Zeitverschwendung! Ich sollte abbrechen.« Doch ich erkannte, dass Flucht der einfache Ausweg wäre. Also blieb ich und hielt den Schmerz aus, ließ mich voll und ganz auf diese neue Erfahrung ein. Und je mehr ich mich entspannte, desto mehr löste sich der »Ballast« in meinem Kopf. Alles Schwere und Belastende, der Druck der vergangenen Monate – all das fiel allmählich von mir ab. Während ich ruhiger und ruhiger wurde, überkam mich ein wohliger Schauer der Gelassenheit, die Wolken in meinem Geist teilten sich, und die Klarheit kehrte zurück. Ich sah wieder den blauen Himmel. Zwar fehlte mir noch die zündende Idee für die Rettung meiner Firma, aber ich war voller Zuversicht, die Herausforderungen mit meinem Team meistern zu können.

Als wir wieder reden durften, erzählten die anderen Teilnehmer von ähnlichen Erfahrungen. Faszinierend war für mich, dass in der Abschlussrunde jeder begeistert davon berichtete, wie klar und geordnet sein Kopf jetzt sei im Vergleich zu dem Chaos zu Beginn des Seminars. Alle spürten eine neue Kraft in sich und hatten das Gefühl, ihre Probleme nun richtig angehen zu können.

## Handeln im Nichthandeln

Ich habe die Stille im Schweigeseminar – zumindest zum Ende hin – genossen und die Erfahrung grundlegend als hilfreich empfunden. Doch irgendwann musste und wollte ich die schützenden Klostermauern wieder verlassen und in meine reale Welt bei Lattoflex zurückkehren. Ich wollte der Frage nachgehen, wie es uns gelingen könnte, die Chancen dieser Welt zu nutzen, ohne gleichzeitig in die Falle von Verwirrung und Unklarheit zu tappen.

Es ist ja eine alte Weisheit, dass Unternehmer mehr *an* ihren Unternehmen arbeiten sollten als *in* ihren Unternehmen. Und das ist auch der Kern von Reflexion. Wir müssen von außen, mit etwas Abstand, auf uns, unser Unternehmen und unser Leben schauen, um mit klarer Sicht neue Wege zu erkennen oder neue Lösungen zu erschaffen. Sonst sehen wir den Himmel vor lauter Wolken nicht. Ich habe regelmäßig Auszeiten in mein Leben integriert, und ich gebe offen zu, oft war da diese Stimme in mir, die mir deswegen Vorwürfe machte: »Boris, du hast dermaßen viel zu tun! Du kannst dich jetzt nicht für ein paar Tage ausklinken, die Zeit drängt! Du muss in der Firma sein und alles am Laufen halten!« Das ist heute auch noch so, solche Gedanken kann man nicht einfach abschalten. Aber mein Umgang damit hat sich geändert, denn ich habe jedes Mal festgestellt, dass sich diese vermeintliche Zeitverschwendung für eine kurze Reflexionsphase mehr als ausgezahlt hat.

Wenn ich in der Vergangenheit auf Vorträgen über diese Idee einer Auszeit sprach, kam von manchen Teilnehmern der teils besorgte, teils entrüstete Einwand, man könne doch nicht ein paar Tage oder gar Wochen die Hände in den Schoß legen und nichts tun. Das würde doch das Problem auch nicht lösen. Ich kann diese Bedenken nachvollziehen. Unser Leben, vor allem in der westlichen Welt, ist geprägt von einer strikten Arbeitsethik mit dem Ziel höchstmöglicher Produktivität und Aktivität – und speziell der Anzahl von Stunden, die wir »richtig« arbeiten. Viele haben dieses Konzept stark verinnerlicht.

Doch bei der Reflexion geht es nicht ums Nichtstun, sondern darum, in uns den richtigen Lösungsweg zu ergründen. Wir begeben uns auf die Suche nach innerer Klarheit und neuer Kraft. Es geht darum, unsere Energie sinnvoll einzusetzen und unsere kostbaren Ressourcen – und dazu zählt auch Zeit – nicht mit Unwichtigem zu verschwenden. In der chinesischen Philosophie gibt es das alte Konzept des »Wu Wei«. Übersetzt heißt es so viel wie »Handeln im Nichthandeln«. Damit ist gemeint, dass wir im Einklang mit unserer inneren Kraft handeln, in der Gewissheit, das Richtige zu tun. Und zwar am richtigen Ort und zur richtigen Zeit, mit all unserer Leidenschaft.

## Eine inspirierende Auszeit

Als er noch aktiv im Management tätig war, gönnte sich Microsoft-Gründer Bill Gates alle sechs Monate eine Auszeit von einer Woche in Einsamkeit, irgendwo in einer Hütte im US-Bundesstaat Washington. Nur seine engsten Vertrauten kannten den genauen Ort. Dort gab es keine E-Mails, kein Twitter, kein Telefon. Er nannte sie »Think Week«, und bei seinen Mitarbeitern war diese »Nachdenkwoche« berüchtigt. Denn sie wussten, dass ihr Chef nach diesen Tagen in der Isolation mit vielen neuen und zumeist ungewöhnlichen Ideen zurückkehrte, die dann umgesetzt werden sollten.[8]

Viele große Durchbrüche sind in der Einsamkeit und im Rückzug entstanden. Denn sich eine Weile zurückzuziehen ist eine bekannte und gern genutzte Strategie. Legendär ist zum Beispiel das Werk des Saxophonisten John Coltrane *A Love Supreme* – ein Meilenstein in der Geschichte des Jazz. Es entstand nach wochenlanger Isolation in seinem Arbeitszimmer.[9] Und schon der bekannte Psychologe C. G. Jung zog sich in seinen »Turm« in Bollingen zurück – zum Schreiben und Malen.[10] Der Gründer der ökologischen US-Supermarktkette Whole Foods, John Mackey, verbrachte in seiner aktiven Zeit jedes Jahr mehrere Wochen auf Wanderungen in der Natur. Ganz allein. Dabei trug er immer ein Notizbuch bei sich, um alle Ideen, die ihm unterwegs kamen, gleich festhalten zu können.[11]

Auf dem Weg zur Klarheit ist es essenziell, sich ganz bewusst Momente der Reflexion zu gönnen. Wie Sie in die Reflexion gehen möchten, wie Sie Ihre Auszeit gestalten, bleibt Ihnen überlassen. Hier darf jeder sein individuelles Ritual finden, von einer Tasse Tee und guter Musik über einen längeren Spaziergang in der Natur bis hin zu einer Woche oder mehr Zeit in einem Kloster oder an einem anderen abgeschiedenen Ort, etwa eine Berghütte oder ein Ferienhaus am Meer. Allein mit sich selbst und Ihren Gedanken, ablenkungsfrei, können Sie durch einen Tapetenwechsel neuen Raum gewinnen und geben Ihrem Geist eine Chance, aus einer anderen Perspektive auf Ihr Leben und Ihre Probleme zu schauen.

## Alltägliche Situation, unendliches Potenzial

Jeder kennt das Gefühl, plötzlich einen Geistesblitz zu haben. Wie aus dem Nichts, ohne dass wir es bewusst gesteuert hätten, haben wir einen Einfall! Eine wundersame Inspiration, die durch unser Gehirn schießt und uns oft selbst überrascht. Das passiert in der Regel in völlig unspektakulären Momenten, etwa unter der Dusche, beim Zähneputzen oder Zwiebeln schneiden, manchmal sogar im Traum.

Mir ist es bei Joggingrunden mehrfach passiert: Während des Laufs hatte ich einen genialen Einfall – doch zu Hause angekommen, konnte ich mich leider überhaupt nicht mehr daran erinnern, was das denn genau war. Was habe ich mich oft über mich selbst geärgert! Ich denke, dieses Phänomen ist uns allen nur allzu gut vertraut. Bestimmt ist es Ihnen auch schon so ergangen, dass Sie gerade einen Einfall hatten, eine unglaublich gute, ausbaufähige Idee, aber so schnell, wie der Gedanke kam, hatte er sich auch schon wieder verflüchtigt. Unser Gehirn ist also anscheinend extrem gut darin, neue Gedanken und kreative Ansätze zu erschaffen, aber gleichzeitig extrem schlecht darin, diese Ideen sofort abzuspeichern und sich daran zu erinnern. Ich habe deshalb bei bewusst gewählten Auszeiten, bei längeren Wanderungen, aber auch bei einem Spaziergang durch die Natur immer ein Notizbuch dabei. Selbst auf längeren Autofahrten, speziell wenn es etwas langweilig wird und mein Gehirn ohne Ziel und Zweck vor sich »hindenken« kann, kommen mir oft Ideen zu Fragestellungen, an die ich gar nicht bewusst gedacht habe. Dann nutze ich via Freisprecheinrichtung die Diktierfunktion meines Smartphone, um meine Gedankengänge zu dokumentieren.

## Energie und Freiheit durch Rückzug

Wenn Sie neue Energie und Klarheit im Rückzug suchen, reicht es für den Anfang, dass Sie sich für eine kleine Reflexion hinsetzen und einfach nur wahrnehmen. Das geht im Büro, zu Hause, im Park, im Wald, am Strand – oder in der Abgeschiedenheit einer Berghütte oder eines Klosters.

Stellen Sie sich zur Einstimmung, sozusagen als Bestandsaufnahme, folgende Fragen:

- Sind Sie angespannt und gestresst? Warum ist das gerade so?
- Welche Gefühle haben Sie gerade, welche Ängste oder Sorgen?

Wenn Sie einen Schritt weitergehen wollen, können Sie versuchen, Sorgen und Nöte loszulassen und etwas Abstand von Ihren aktuellen Problemen zu gewinnen. Wie schon gesagt: Sich keine gezielten Fragen zu einer akuten Thematik zu stellen und nicht konzentriert über die Probleme der Gegenwart zu grübeln ist oft unsere größte Herausforderung, gerade wenn wir mit uns allein sind. Versuchen Sie es dennoch. Lassen Sie sich auf die Ruhe und Entspannung ein und geben Sie Ihrem Geist ein Stückchen Freiheit zurück – und schaffen Sie auf diese Weise so etwas wie eine »bewusste offene Schleife«. Stellen Sie sich eine Frage und lassen Sie Ihr Unterbewusstsein daran arbeiten. Früher oder später wird es eine Antwort generieren. Wichtig ist dabei, nichts erzwingen zu wollen, denn dann besteht die Gefahr, dass Sie sich erneut festbeißen und den Blick für das große Ganze verlieren. Haben Sie Vertrauen und lassen Sie die Lösung von selbst auftauchen.

Notieren Sie alles – wirklich alles –, was Ihnen durch den Kopf geht. Halten Sie jeden Gedanken schriftlich fest oder nehmen Sie das Ganze auf. Sammeln Sie ganz ohne Reihenfolge oder Wertung, denn Geistesblitze sind flüchtig. Sortieren können Sie später in Ruhe.

## Jenseits der Gegenwart

Wie oft sind wir bei der Arbeit gedanklich bereits im Wochenende oder planen den nächsten Jahresurlaub, statt uns mit den aktuellen Aufgaben zu beschäftigen? Wie oft gehen wir in einer wundervollen Landschaft spazieren, denken dabei aber über die angekündigte Steuerprüfung nach, statt den Moment zu genießen und zur Ruhe zu kommen? Wie oft liegen wir abends im Bett und sollten eigentlich schon lange schlafen, doch in unserem Kopf rattert es noch stundenlang vor sich hin – und keiner dieser Gedanken hat auch nur das Geringste mit der Gegenwart zu tun? Unsere einzige »Aufgabe« im Hier und Jetzt wäre, die Augen zu schließen und einfach nur zu schlafen. Denn das Gestern ist vergangen und das Morgen noch nicht da.

In der buddhistischen Lehre gibt es das Sanskritwort Prajñā. Wie vieles aus diesen alten Lehren ist auch dieser Begriff nicht so leicht in unsere Sprache zu übersetzen und verständlich zu definieren. Am ehesten beschreibt er einen Zustand, wenn Körper und Geist im Gleichgewicht sind und es uns gelingt, in vollkommener Klarheit genau das wahrzunehmen, was gerade jetzt ist. Dieser Begriff ist über die Jahre zu einem Leitmotiv für meine Suche nach Klarheit geworden.

Gegenwärtigkeit bedeutet, einfach nur wahrzunehmen, was hier und jetzt los ist, was wir fühlen, was wir denken und wie unsere Umgebung aussieht. So eine Bestandsaufnahme kann ganz schnell anstrengend werden und manchmal sogar ziemlich furchteinflößend sein. Deswegen passiert es gar nicht so selten, dass wir unwillkürlich in die Vergangenheit oder Zukunft ausweichen. Wir denken dann zum Beispiel lieber darüber nach, dass der gestrige Tag so frustrierend war, und fragen uns, wer daran eigentlich schuld gewesen ist – wir ja wohl ganz sicher nicht!

»Angst ist eine Fantasie über die Zukunft!« Dieser Satz ist mir vor vielen Jahrzehnten bei einem spannenden Workshop über die künftige Entwicklung der Welt im Gedächtnis geblieben. Doch alles beginnt hier und jetzt. Über die Jahre habe ich immer wieder Menschen kennengelernt, die sich verloren hatten in einer möglichen Zukunft. Unsere Gedanken wandern dann nach vorne und suchen die Antworten im Morgen – ohne dass wir jedoch ganz und vollständig hier in der Gegenwart sind. Verstehen Sie mich nicht falsch: Grundlegend ist es richtig und wichtig, über das Morgen und die Zukunft nachzudenken. Doch sich permanent Worst-Case-Szenarien auszumalen, ist eine unnötige Energieverschwendung. Unser Handeln muss aus der Kraft der Gegenwart gespeist werden.

Manchmal ist es auch genau umgekehrt: Wir malen uns in den schönsten Farben aus, wie das Meeting in einer Woche sein wird, fantasieren bereits von einer fernen Zukunft, in der alle Probleme gelöst sind und unser Unternehmen floriert. Aber uns damit zu beschäftigen, wie wir dorthin gekommen sein könnten, was wir hier und heute dafür getan oder angestoßen haben, wissen wir nicht. War es Magie, ein Wunder? Auf solche Luftschlösser sollten wir uns weder in unserem privaten Umfeld noch im beruflichen Kontext verlassen, wenn wir wirklich Fortschritte machen wollen.

## Indikator für innere Klarheit

Je verwirrter unser Geist ist, desto mehr flieht er aus der Gegenwart und beschäftigt sich mit Fragen, die momentan eigentlich keine Rolle spielen. Die Vergangenheit ist vergangen, sie ist längst vorbei und nicht mehr zu beeinflussen, und die Zukunft ist reine Fantasie und niemand weiß mit hundertprozentiger Sicherheit, was morgen, übermorgen oder an den Tagen danach passieren wird. Aufmerksam die Gegenwart wahrzunehmen, so wie sie ist, und das zu tun, was hier und jetzt getan werden muss, ist die größte Befriedigung, die wir in diesem Leben erfahren dürfen. Gegenwärtigkeit ist ein wahres Geschenk und ein wichtiger Indikator auf dem Weg zur Klarheit.

Die alten Zen-Meister haben so Recht mit ihrer Weisheit: »Wenn ich gehe, dann gehe ich. Wenn ich schlafe, dann schlafe ich. Wenn ich sitze, dann sitze ich.« Es klingt so banal, doch in der Umsetzung ist es wahrlich eine Meisterprüfung, glauben Sie mir. Und wenn Sie mir nicht einfach so glauben wollen – was natürlich Ihr gutes Recht ist –, probieren Sie es selbst aus: Setzen Sie sich ruhig und entspannt auf Ihren Bürostuhl und seien Sie völlig im Hier und Jetzt. Sagen wir mal für die nächsten fünf Minuten. Stellen Sie sich dafür gerne einen Timer.

Und? Haben Sie es geschafft, Ihre Gedanken keine Sekunde lang abschweifen zu lassen? Sofern Sie nicht seit vielen Jahren meditieren, wage ich zu behaupten, dass Sie mehrfach daran gescheitert sind. Keine Sorge, selbst Menschen, die in der Meditation sehr geübt sind, gelingt das nicht hundertprozentig, aber das ist nicht schlimm. Denn sie sind dazu in der Lage, es zu erkennen, anzuerkennen und nicht zu bewerten. Und es bringt sie nicht davon ab, es weiterhin zu versuchen.

»Wer gesammelt
bis in die Tiefe geht,
der sieht auch
die kleinen Dinge in
großen Zusammenhängen.«

Edith Stein

# Ins Hier und Jetzt finden

Ich weiß, für viele Menschen ist der Begriff »Meditation« nach wie vor sehr stark mit religiösen oder spirituellen Ideen verbunden, und auf dem Marktplatz des Lebens finden sich zahllose Anleitungen zum Thema Meditation. Eine simple Google-Suche überflutet uns mit einer verwirrenden Menge an Informationen. Es geht von alten Klöstern über die Lehre des Buddhismus bis hin zu Managementseminaren. Und es ist viel von Achtsamkeitsübungen und bewussten Atemzügen die Rede. Aber was hat das alles bitte mit Klarheit zu tun?

Ich habe mich seit meinem 16. Lebensjahr mit dem Thema Meditation immer wieder neu beschäftigt, weil ich es total spannend fand. Ich habe viel ausprobiert – und so einiges ganz schnell wieder verworfen. Nach alldem würde ich heute Meditation mit drei Worten definieren: Beobachten, Loslassen, Gegenwärtigkeit. Diese zentralen Begriffe bleiben übrig, wenn man die Meditation einmal aus ihrem religiösen Kontext herauslöst. Es geht darum, in der Stille in uns gekehrt den Strom unserer Gedanken zu beobachten und ihn loszulassen. Währenddessen machen wir uns immer wieder aufs Neue die Gegenwart, das Hier und Jetzt, bewusst.

Eine alte Geschichte aus dem Zen beschreibt die Meditation so: Wir sitzen an einem Fluss, auf dem Melonen an uns vorbeitreiben. Die Kunst besteht einfach nur darin, die Melonen im Fluss an uns vorbeiziehen zu lassen, und zwar ohne ihnen nachzuschauen oder zu versuchen, sie festzuhalten. Das ist in meinen Augen eine hervorragende Metapher für unseren endlosen und unaufhaltsamen Gedankenstrom.

Weder können wir ihn stoppen noch wird es uns je gelingen, sämtliche Gedanken bewusst so zu steuern, wie wir es gerne hätten.

Mit dem Status quo und unseren unmittelbaren Möglichkeiten beschäftigen wir uns viel zu selten. Wir sind nicht im Moment, wir nehmen nicht wahr, in welchem Durcheinander wir stecken und arbeiten. Aber wie sollte Ihnen die Meditation dabei helfen, schwierige Entscheidungen in Ihrem Leben mit größerer Sicherheit zu treffen? Das mag ja ganz nett für die Entspannung sein – aber sonst? Die Antwort ist einfach: Klarheit braucht Freiraum! Und diesen Raum erschaffen Sie unter anderem durch innere Ruhe und Gelassenheit. Dabei hilft es, wenn Sie Ihre Fähigkeit trainieren, nicht auf jeden Gedanken sofort anzuspringen.

Wenn Sie bereits meditieren, sind Sie übrigens in guter Gesellschaft. Viele bekannte Persönlichkeiten nutzen die Kraft der Meditation: Oprah Winfrey, Hugh Jackman, Madonna, Clint Eastwood, Angelina Jolie, Jerry Seinfeld, Lady Gaga, Howard Stern, Russell Brand, George Lucas und viele mehr.[12]

## Überall und jederzeit in der Stille

Um zu meditieren, müssen Sie keinen speziellen Ort aufsuchen. Sie können einfach loslegen, wo Sie gerade sind. Sie müssen weder ein buddhistisches Kloster besuchen noch brauchen sie einen speziellen Meditationshocker oder ein Kissen. Sogar in einer lärmenden U-Bahn oder vor dem Abfluggate am Flughafen ist Meditation möglich, und das ganz ohne Lehrer oder Trainer – wenngleich eine professionelle Anleitung den Einstieg erleichtern kann. Sie müssen sich auch nicht stundenlang zurückziehen. Oft reichen ein paar Minuten Meditation völlig aus, um eine neue Klarheit im Kopf zu erreichen.

Nehmen Sie sich ein- oder zweimal am Tag fünf Minuten Zeit. Das reicht für den Anfang völlig. Setzen Sie sich bequem auf einen Stuhl oder auf den Boden, atmen Sie ruhig ein und aus. Stellen Sie einen Timer, der Sie sanft an das Ende Ihrer Meditation erinnern soll.

Schließen Sie die Augen, wenn Sie mögen, und beobachten Sie einfach, was passiert. Sie müssen nichts Kompliziertes tun. Wenn Ihnen das Bild mit den Melonen gefallen hat, können Sie versuchen, sich sinnbildlich an Ihren Fluss zu setzen und Ihren »Gedankenmelonen« zuzusehen: Welche Gedanken steigen auf und verschwinden wieder? Wohin schweifen Sie ab? Vielleicht bleiben Sie an dem einen oder anderen Gedanken hängen, um dann jedoch nach kurzer Zeit wieder zurückzukehren in die Gegenwart. Lassen Sie dazu Ihre Aufmerksamkeit durch den Körper gleiten und bemerken Sie, wo es Verspannungen gibt.

Nehmen Sie sich nach Ablauf der Zeit einen kurzen Moment, um nachzuspüren: Wie fühlen Sie sich jetzt im Vergleich zu Ihrem mentalen Zustand vor der kurzen Meditation?

## TEILE DIE WOLKEN ...
### Kernideen für klarere Sicht

- Äußere Klarheit folgt immer der inneren Klarheit.

- Ein bewusster Umgang mit unseren Gedanken und Gefühlen ist der Schlüssel zu einem klareren Denken.

- Unnötige offene Schleifen kosten unser Gehirn kostbare Energie.

- Reflexion bedeutet, ein Problem mit Abstand in Ruhe zu betrachten, statt kopflos sofort zu reagieren.

- Meditation heißt beobachten, loslassen und gegenwärtig sein.

## ... UND FINDE DEN WEG!
### Mit fünf konkreten Maßnahmen mehr in Ihre Mitte kommen

1. Wie reagieren Sie in der Regel auf ungeplante Situationen im Leben? Bringt Sie ein unerwarteter Stein, der auf die Wasseroberfläche Ihres Gedankensees trifft, für Stunden oder sogar Tage durcheinander? Reagieren Sie mit Verwirrung oder gar Panik?

2. Finden Sie immer wieder Momente der Stille im Leben. Planen Sie bewusst kleine Auszeiten ein, um wieder ganz in der Gegenwart anzukommen.

3. Beobachten Sie in den nächsten sieben Tagen Ihre Gedanken bewusster. Woran denken Sie? An welchen Gedanken bleiben Sie besonders lange oder intensiv hängen? Wann sind Sie nicht gegenwärtig?

4. Schreiben Sie Gedanken, die immer wieder auftauchen, in ein Notizbuch. Das ist eine Liste aller offenen Schleifen, die Sie derzeit beschäftigen. Das entlastet Sie in mehrfacher Hinsicht.

5. Planen Sie in den nächsten drei Monaten eine bewusste Reflexionsphase ein. Reservieren Sie dafür mindestens einen ganzen Tag an einem Ihrer liebsten Rückzugsorte, an dem Sie völlig ungestört bei sich sein können. Machen Sie keine weiteren Pläne oder gar To-do-Listen. Gehen Sie ohne feste Absicht in die Reflexion, ganz ohne Druck. Halten Sie fest, welche Ideen in der Zeit in Ihrem Geist auftauchen.

Kommen Sie auf *www.wolkenteiler.de* vorbei, wenn Sie weitere Inspirationen suchen. Dort gibt es passende Ergänzungen, Checklisten und kurze Videos zu diesem Wolkenteiler – und immer wieder Neues zu entdecken!

# 2
## FOKUSSIERUNG
# WELTANSCHAUUNG UND WERTE ALS BASIS FÜR UNSERE ENTSCHEIDUNGEN

»Es ist der Geist selbst,
der den Geist in die Irre führt.
Sei dir stets
deines Geistes bewusst.«

Zen-Meister Takuan Soho

Nachdem wir in unserer Gedanken- und Gefühlswelt aufgeräumt und ausgemistet haben, widmen wir uns der inneren Ausrichtung. Wir leben in einer Welt, in der zunehmend die Likes auf ein neues Posting die neue Währung für Selbstwertgefühl sind, statt unabhängig von der Bestätigung von außen unserem eigenen Wertekompass zu folgen. Wir brauchen Klarheit bezüglich unserer Weltanschauung und Werte, um zu entscheiden, wohin unser Weg führen soll und was in unserem Fokus steht. Wir müssen unseren inneren Kompass kalibrieren.

Deshalb geht es bei diesem Wolkenteiler darum, was wir im Leben wertschätzen, was uns wirklich wichtig ist und worauf wir unsere volle Aufmerksamkeit richten wollen. Wir begeben uns also auf die Suche nach unserem Warum, dem Sinn unseres Lebens und Wirkens. Das klingt so einfach. Doch ist es in unserem modernen Leben alles andere als leicht. Zu verlockend finden sich überall Ablenkungen, die unseren Fokus rauben, uns verwirren und manchmal sogar von unserem Weg abbringen. Zu jeder Tages- und Nachtzeit gibt es unzählige Möglichkeiten, sich zu verlieren – und manchmal geben wir diesen Verlockungen allzu gern nach. Diesen betörenden Sirenenrufen auf unserem Weg zu einem neuen Fokus müssen wir deshalb besonderes Augenmerk schenken.

Die zentralen Fragen bei diesem Wolkenteiler lauten:

- Wie kann es uns gelingen, die permanenten Ablenkungen in unserem Alltag zu reduzieren, um unsere innere Stimme wieder besser zu hören?

- Welche Denk- und Verhaltensmuster bringen unseren inneren Kompass durcheinander?
- Wie gelingt es uns, den Fokus auf die Dinge zu lenken, die für unseren Lebensweg von Bedeutung sind?
- Welche Werte leiten uns?
- Was ist überhaupt das »Richtige« in unserem Leben?

## Der hohe Preis der Ablenkung

Wenn wir uns im Außen verlieren, weil wir in uns keine Klarheit finden, steigt plötzlich die Hektik, und es werden Aktivitäten um des Handelns willen angeschoben. Es gibt dieses alte Sprichwort: »Wer viel unternimmt, richtet wenig aus.« Es beschreibt den hohen Preis der Ablenkung: Wenn uns der Fokus fehlt, erreichen wir am Ende wenig bis gar nichts. Das beste Gegenmittel ist Klarheit – denn dann fällt es uns leicht, unsere Energien zu bündeln, allein ebenso wie in der Gruppe. Doch es ist ein harter und hingebungsvoller Prozess, in aller Tiefe und Gründlichkeit die wichtigen Fragen für uns zu beantworten.

Flucht ist keine Lösung, aber allzu oft laufen wir davon, statt uns diesen essenziellen Fragen mutig zu stellen. Ellenlange To-do-Listen verdrängen dann oft erfolgreich die Frage nach dem Warum. Unser Tag ist vollgestopft mit Aktivitäten, wir schuften wie verrückt, sinken abends erschöpft aufs Sofa und fühlen uns trotzdem nicht erfüllt und befriedigt. Oder wir sitzen in einem Meeting, diskutieren leidenschaftlich eine

Fragestellung, obwohl die meisten Anwesenden das dumpfe Gefühl haben, dass hier etwas nicht stimmt und wir eigentlich über etwas ganz anderes reden sollten: den sprichwörtlichen Elefanten im Raum. Doch niemand traut sich, diese Ahnung offen auszusprechen und mit allen zu teilen.

Die Alternative zu diesem Hamsterrad, zu den endlosen Meetingschleifen, wäre die ernsthafte Auseinandersetzung mit grundlegenden Fragen, was unter Umständen schmerzhaft sein könnte. Denn das sind in der Regel Fragen, die den Status quo gefährden oder gar den Sinn und Zweck der Unternehmung in Zweifel ziehen.

Bei Lattoflex hatte ich in den vergangenen Jahren das Gefühl, dass uns die Klarheit verloren gegangen war. Speziell wenn ich an die Umbrüche denke, die das Internet und der Onlineverkauf ausgelöst haben, als zahllose neue Anbieter in unseren Markt drängten und mit völlig neuen Geschäftsmodellen unter Ausschluss des traditionellen Fachhandels vor Ort unsere Branche durcheinanderwirbelten. Es gab zahlreiche Meetings mit überschäumenden Emotionen und der unklaren Forderung, dass wir irgendwie darauf reagieren müssten, und zwar sofort. Rückblickend betrachtet haben wir uns offenbar zu lange im Kreis gedreht. Wir saßen zuerst wie das Kaninchen vor der Schlange – erstarrt und verängstigt – und hatten das Gefühl, diesen neuen Umbrüchen hilflos ausgesetzt zu sein. Wir haben dann sehr schnell ein Projekt gestartet und ebenfalls ein Produkt online angeboten. Dafür wurde eine neue Produktlinie aus dem Boden gestampft und mit einer Menge Geld ein Onlinesystem aufgebaut. Im Nachhinein muss ich darüber den Kopf schütteln. Es wäre besser gewesen, hier in Ruhe eine innere Klarheit zu finden und Schritt für Schritt zu lernen und zu handeln.

Hätten wir nämlich die neue Konkurrenz mit etwas mehr Abstand betrachtet und die Situation ruhig analysiert, wäre uns vermutlich viel früher aufgefallen, dass die meisten neuen Geschäftsmodelle langfristig nicht tragfähig waren. Das wissen wir nun im Nachhinein, denn praktisch alle neu gestarteten Unternehmen sind heute wieder vom Markt verschwunden. Natürlich haben wir dabei auch eine Menge lernen dürfen, im Ergebnis haben wir aber viel Geld und Zeit verloren. Mit etwas mehr Ruhe und Gelassenheit, verbunden mit innerer Klarheit, wäre es vermutlich besser gelaufen.

## Verlockungen en masse

Sie kennen bestimmt die *Irrfahrten des Odysseus.* Die alte griechische Sage ist – wie viele andere tolle literarische Werke – gespickt mit Momenten der Versuchung, Ablenkung und Unklarheit. Homers Protagonist muss vor seiner Rückkehr eine Vielzahl von Prüfungen überstehen. Die Schifffahrt führt auch an der Insel der Sirenen vorbei. Diese Vogelwesen mit Frauenköpfen haben die Gabe, mit ihrem bezaubernden Gesang Männer anzulocken, um sie dann auf ihrer Insel zu töten. Odysseus befiehlt als Sicherheitsmaßnahme all seinen Männern, sich Wachs in die Ohren zu stopfen, sodass sie den betörenden Gesang der Sirenen gar nicht erst hören können. Er selbst jedoch lässt sich von seiner Mannschaft an den Mast des Segelschiffs binden. Als der Gesang von der Insel zu seinem Boot schallt, wird Odysseus fast wahnsinnig vor Sehnsucht. Er bittet seine Crew inständig, ihn loszubinden. Doch zum Glück können sie sein Flehen nicht hören, und so bleibt auch der Held der Geschichte verschont und kann unversehrt nach Hause zurückkehren.

Dieses Phänomen lässt sich auf unser modernes Leben übertragen: Der verlockende Gesang der Sirenen entspricht der permanenten Versuchung, unsere Aufmerksamkeit abzulenken, etwa durch digitale und vor allem soziale Medien. Sich Wachs in die Ohren zu stopfen, also etwa die Benachrichtigungen auszuschalten oder eine Weile offline zu sein, kann durchaus hilfreich sein. Aber ist es für jedermann eine Dauerlösung? Wenn wir Medien nutzen, droht uns wohl nicht der sichere Tod wie Odysseus und seiner Crew – doch ein Teil unserer Aufmerksamkeit stirbt, unser Fokus geht verloren und wir sind abgelenkt von unserem eigentlichen Weg und den wahren Zielen.

Unsere Welt ist laut geworden. Fast aufdringlich. Das Internet und die sozialen Medien dringen tief in unseren Alltag ein. Ich weiß aus eigener Erfahrung: Sich der fast allgegenwärtigen Ablenkung zu entziehen ist wahrlich keine leichte Aufgabe.

Vor ein paar Jahren war ich mit meinem Sohn auf Trekkingtour in Nepal. Für zwei Wochen waren wir dort praktisch offline. Kein Facebook, kein Instagram, keine E-Mails, kein WhatsApp. Ich erinnere mich noch deutlich daran, wie ungemütlich es für mich in den ersten Tagen war. Ich hatte permanent das Gefühl, etwas zu verpassen – dabei wanderten wir gerade durch eine der schönsten Landschaften dieser

Erde. Traumhafte Gipfel am Horizont der Annapurna-Bergkette mit ihren 7 000-Meter-Gipfeln, alte buddhistische Klöster am Wegesrand. Nichtsdestotrotz fragte ich mich, was wohl im Rest der Welt passierte, welche WhatsApp-Nachrichten ich verpasste und was gerade auf meiner Facebook-Timeline los sein könnte. Auf unserer Trekkingtour hatte ich zwischenzeitlich ähnliche Symptome wie der gute Odysseus: Ich hatte mich mehr oder weniger freiwillig dazu entschieden, offline zu sein. Doch ab und zu hätte ich alles dafür gegeben, schnellstmöglich einen Internetzugang zu finden, weil die Sehnsucht nach Neuigkeiten aus der Heimat beziehungsweise die unterschwellige Angst, etwas zu verpassen – neudeutsch Fear of Missing out (FOMO) – mich fast um den Verstand brachte.

## Schmerzliche Ruhe

Wir verhalten uns in dieser Hinsicht wie Suchtkranke. Wir sind Junkies geworden, und die permanente Ablenkung verstärkt dieses Phänomen. Im Grunde genommen haben wir sogar panische Angst davor, mit uns und unseren Gedanken auch nur fünfzehn Minuten allein zu sein. Der amerikanische Psychologe Timothy Wilson veröffentlichte 2014 im Fachjournal *Science* eine spektakuläre Studie, die uns alle zumindest nachdenklich stimmen sollte.[1] Ich fand die Ergebnisse seiner Arbeit regelrecht erschreckend.

In seiner Versuchsanordnung bat er die Probanden, sich für fünfzehn Minuten in einen nüchternen Raum auf einen Stuhl zu setzen. Sie brauchten nichts zu tun, außer dort zu sitzen. Aufstehen oder einschlafen durften sie nicht. Klingt zunächst nach einer einfachen Aufgabe und einer tollen Auszeit. Doch die Mehrheit der Teilnehmer, völlig unabhängig von ihrem Alter, berichtete hinterher, wie unglaublich anstrengend diese fünfzehn Minuten gewesen seien. Sie hatten es als unglaublich belastend empfunden, einfach nur so dazusitzen – allein mit ihren Gedanken.

Spannend finde ich dabei, dass viele von uns doch behaupten würden, sie wünschten sich nichts mehr, als endlich einmal Ruhe zu haben. Diese Studie zeigte jedoch das genaue Gegenteil. Nichts belastet uns mehr, als nur eine Viertelstunde ohne unsere geliebten Ablenkungen und ganz auf uns gestellt zu sein.

Kommen wir zum erschreckenden zweiten Teil der Studie. Man erklärte den Teilnehmern, dass sie die Möglichkeit hätten, sich in der Wartezeit eigenhändig einen spürbaren Elektroschock zu verpassen. Alle Testpersonen lehnten dies im Vorfeld kategorisch ab. Doch als sie in dem kahlen Raum saßen, die Minuten dahinschlichen und die Zeit lang und noch länger wurde, gaben sich zwei Drittel aller Männer und ein Viertel aller Frauen mindestens einen Stromschlag, statt einfach ruhig sitzen zu bleiben. Der traurige Rekord lag bei dieser Versuchsreihe bei einem Kandidaten, der sich in diesem Zeitraum sage und schreibe 190 (!) Stromschläge verpasste.

Das bedeutet: Lieber spüren wir ein wenig Schmerz, als eine Viertelstunde ohne Ablenkung uns selbst und unsere Gedanken zu ertragen. Was sagt das über unser Leben aus? Wenn wir die Stromschläge einmal gleichsetzen mit den Ablenkungen des Alltags durch E-Mails und Nachrichten und die immerwährende Versuchung, »mal eben schnell« zu schauen, was auf Facebook oder Twitter gerade los ist: Sind wir nicht alle Getriebene und verpassen uns lieber solche »Stromschläge«, als wirklich einmal innezuhalten und uns zu fragen, was wir eigentlich tun?

Klarheit bedeutet, dass wir den »Schmerz« aushalten, also uns dem inneren Unbehagen und anderen unangenehmen Gefühlen stellen müssen. Tiefe erreichen wir nur, wenn wir uns ablenkungsfrei den zentralen Fragen des Lebens zuwenden. Denn Studien zeigen, dass Ablenkung unser Gefühl von Unklarheit und Verwirrung noch steigert.[2] Was uns fehlt, sind die Konzentration und klare Fokussierung auf das, was wir wirklich wollen. Kaum denken wir fokussiert nach, ertönt bereits aus unserem Smartphone ein »Ping!« – und wir stürzen uns in die digitale Welt, um die neuen Nachrichten unverzüglich zu lesen. Oft genug gehen wir in diesem Sog verloren. So erleben wir jeden Tag, wie sehr unser Leben vom Außen bestimmt wird. Es ist fast so, als wenn unser Leben »gelebt wird«, anstatt wir selbst leben. Da wir das zulassen, fühlen wir uns mehr und mehr fremdbestimmt. Doch was wir brauchen, ist Selbstbestimmung.

Nach meiner Beobachtung ist dieser Mechanismus zwischen Fremd- und Selbstbestimmung elementar, gerade in unsicheren Zeiten. Je mehr wir in der Lage sind, in uns selbst Antworten zu finden oder zu generieren, desto stärker steigt unsere Unabhängigkeit von äußeren Einflüssen. Das, was wir denken und klar für uns formulieren können, ist ein Motor, um sicher durch eine Krise zu steuern. Umgekehrt gilt jedoch: Je mehr wir uns im Außen verlieren und unsere Aufmerksamkeit dorthin lenken, desto schwieriger wird es, eine stabile Position inmitten eines Sturms zu finden.

## Digitaler Minimalismus

Mal eben schnell auf Instagram schauen, was es so Neues gibt, durch die Streaming-Angebote zappen oder endlose Nachrichten über WhatsApp in alle Welt verteilen – all das mag unterhaltsam sein, lenkt uns aber von dem ab, was wir erreichen wollen. Es gibt daher inzwischen eine wachsende Bewegung der sogenannten »digitalen Minimalisten«. Diese Menschen versuchen, ihre Mediennutzung auf ein Minimum zu reduzieren oder gar gänzlich aus ihrem Leben zu verbannen. Auch bei Hollywood-Schauspielern und anderen berühmten Persönlichkeiten, die in der Öffentlichkeit stehen, gab es in letzter Zeit immer häufiger Meldungen über einen kompletten Rückzug aus der digitalen Präsenz.[3] Ob dies immer aus eigenem Antrieb erfolgt oder eher auf Druck der PR-Abteilung, lässt sich vermutlich nicht zweifelsfrei klären. Das kritische Hinterfragen digitaler Medien und deren Nutzen ist jedoch grundsätzlich richtig und eine Notwendigkeit für mehr Klarheit und Ruhe in unserem Leben. Doch Vorsicht: Hirnforscher haben bestätigt, dass der vollständige Verzicht auf mobile Geräte und soziale Medien Entzugserscheinungen hervorrufen kann wie bei einem Drogensüchtigen.[4]

Die Minimalismusbewegung (mehr dazu in Kapitel 3) sucht neue Wege aus unserer selbst erschaffenen Misere der allgegenwärtigen Ablenkung, sei es durch Medien oder durch den Überfluss an materiellen Besitztümern. Im Kern steht der Wunsch, die Menschen wieder auf das Wesentliche zurückzuführen. Nicht ohne Grund gibt es mittlerweile auch boomende Angebote wie »Kloster auf Zeit« oder Rückzugsorte wie abgeschiedene Hütten ohne Internetverbindung. In manchen Fällen ist es womöglich eine Art Verzweiflungstat: Menschen, die keinen anderen Ausweg mehr wissen, um wieder Ruhe und Kraft zu erfahren, ziehen einfach den Stecker und schotten sich für eine Weile ab.

Ich habe vor einigen Jahren im Winter auch fast drei Wochen in einer kleinen Hütte mitten in den schottischen Highlands verbracht. Dort habe ich viel gelesen und versucht, meine Gedanken zu ordnen. Die Tage füllte ich mit langen Wanderungen in der schottischen Landschaft, abends reflektierte ich meine Erlebnisse und mein Innerstes vor dem Ofen mit meinem Notizbuch. Doch wenn die Auszeit vorbei ist, wird es Zeit, ins »richtige Leben« zurückzukehren. Für diejenigen, die lediglich aus einer problematischen Situation geflüchtet sind, ohne nach innerer Klarheit zu suchen und sich einer möglichen Lösung zu nähern, beginnt dann jedoch oft das Drama von vorne.

Meiner Meinung nach hilft es nicht, sich aus der digitalen Welt auszuklinken und offline zu leben. Das funktioniert in der Arbeitswelt des 21. Jahrhunderts nicht. Das Smartphone zu entsorgen, das Notebook zu zerschlagen und sämtliche Streamingdienste zu kündigen, würde womöglich eine kurzzeitige Besserung bringen, doch früher oder später ersetzen wir diese Ablenkungen dann eben durch andere, und das Spielchen geht wieder von vorne los. Denn wir haben schon immer nach Zerstreuung und Ablenkung gesucht, lange bevor es digitale Medien gab, um vor unbequemen Wahrheiten zu flüchten oder uns nicht mit unseren Lebensfragen beschäftigen zu müssen. Doch heutzutage gibt es Ablenkung fast jederzeit und fast an jedem Ort auf Knopfdruck. Ich würde es mal so formulieren: Die Digitalisierung hat die Schwelle deutlich abgesenkt, sich im Außen zu verlieren.

## Schattenseiten der permanenten Erreichbarkeit

Wie schon gesagt, ich bin kein vehementer Technikgegner, ich finde die Digitalisierung und die Möglichkeiten, die sie für jeden von uns bietet, großartig! Es ist wundervoll, dass wir heute die Chance haben, uns von zu Hause aus mit fast jedem Ort auf der Erde zu verbinden und Informationen und Gedanken in Echtzeit auszutauschen oder im Homeoffice zu arbeiten. Doch immer mehr Menschen realisieren wie ich, dass diese permanente Erreichbarkeit ihre Schattenseiten hat. Egal, ob wir am Schreibtisch an unserem Rechner sitzen oder mit unserem Smartphone in einem Café in der Stadt, ob wir abends im Bett liegen und vor dem Schlafen erneut durch unseren Newsfeed scrollen oder in der Bahn auf dem Weg zur Arbeit schon mal anfangen, unsere E-Mails zu checken und zu beantworten.

Die Hirnforschung ist sich inzwischen ebenfalls darin einig, dass die permanenten Ablenkungen, im Speziellen durch die Digitalisierung, unserer Kreativität und unserem klaren Denken schaden.[5] Eine neue E-Mail! Ein neuer Like! Eine neue WhatsApp-Nachricht! Immer wieder wird unser Gehirn herausgerissen und soll sich blitzschnell auf etwas Neues fokussieren. Catherine Price stellt in ihrem fantastischen Buch über unsere potenziell problematische Beziehung zu unserem Smartphone mit dem Titel *Endlich abschalten* folgende provokante Frage: »Der Geist kann nicht zugleich zwei Gedanken haben. Versuch einmal, genau gleichzeitig zwei Dinge zu denken. Na? Ist das möglich?«[6] Ausgerechnet das Smartphone, unser neuer liebster Freund und treuer Begleiter in (fast) allen Lebenslagen, trägt massiv dazu bei, dass wir überall und jederzeit alles gleichzeitig erledigen können. Das reden wir uns zumindest gerne ein. Das Smartphone selbst ist unschuldig daran. Es ist unsere innere Einstellung, die uns dazu bringt, dies zu glauben.

Wenn wir eine höhere Ebene der Produktivität und Kreativität erreichen wollen, brauchen wir eine bewusst geschaffene Umgebung ohne störende Ablenkungen (mehr dazu in Kapitel 3). Was wir ebenfalls brauchen, ist ein bewussterer Umgang mit digitalen Medien sowie ein klares Verständnis dafür, was uns permanente Erreichbarkeit auf der einen Seite und zu viel Ablenkung auf der anderen Seite kosten. Es geht also nicht um ein Dafür oder Dagegen, sondern eher um eine bewusste Wahrnehmung dessen, was der Einzug neuer Technologien in unser Leben für uns bedeutet und wie wir damit umgehen wollen. Der Schlüsselbegriff dafür ist Bewusstsein: Zuerst gilt es zu erkennen, wie sehr wir uns im Außen verlieren und in welchem Maß wir dadurch in eine Fremdbestimmung geraten. Sich bewusst und mit klarem Verstand für oder gegen etwas zu entscheiden, verändert die Situation direkt und unmittelbar. Wir sind dann nicht mehr Opfer oder

Getriebene, sondern in der Lage, frei und selbstbestimmt über unsere Aufmerksamkeit zu bestimmen.

Verwirrung ist ein Zustand, in dem wir nicht genau wissen, was als Nächstes dran ist. Unsere Notlösung ist dann oft der verzweifelte Versuch, alles irgendwie gleichzeitig hinzubekommen. Doch dieser Ansatz führt nur zu mehr Frust und mehr Stress, weil wir mit dem Ergebnis selten zufrieden sind.

## Mythos Multitasking

Vermutlich kann niemand genau sagen, wann es passiert ist. Die Tatsache, *dass* es passiert ist, ist hingegen unumstößlich. Wir sind auf die völlig irrsinnige Idee gekommen – mehr noch: viele Menschen sind sogar felsenfest davon überzeugt –, dass wir aufgrund der technischen Möglichkeiten problemlos mehrere Dinge gleichzeitig erledigen können und uns das wesentlich effektiver macht.

Genau, ich spreche vom ewigen Mythos Multitasking. Er scheint in den Köpfen der Leute einfach nicht totzukriegen zu sein, auch wenn Neurowissenschaftler klipp und klar sagen: Das menschliche Gehirn ist gar nicht in der Lage, gleichzeitig mehrere Dinge im Bewusstsein zu erledigen.[7] Zweifellos ist das menschliche Gehirn extrem schnell. So schnell, dass wir oft den Eindruck haben, wir könnten *tatsächlich* gleichzeitig eine E-Mail beantworten, im Internet surfen, einen Film anschauen und nebenbei selbstverständlich noch ein tiefgründiges Gespräch führen.

»Wer an allen Orten gleichzeitig sein möchte, wird später feststellen, dass er nirgends war.«

Sprichwort

## Eins nach dem anderen

Haben Sie schon einmal eine Kampfszene in einem Kung-Fu-Film gesehen? Stellen wir uns vor, ein großer Kämpfer, sagen wir mal Bruce Lee, hat es gerade mit vier Gegnern zu tun. Aber kämpft er wirklich *gleichzeitig* mit allen? Nein! Wenn wir genau hinsehen, ist es eher eine schnelle Abfolge von Einzelkämpfen. Er nimmt sich also doch im Grunde jeden Gegner einzeln vor, um ihn zu besiegen. Ein »Gleichzeitig« gibt es nicht. Könnte Bruce Lee gegen jeden Angreifer einzeln kämpfen, würde er den Sieg vermutlich viel schneller erringen, weil er sich nicht alle paar Sekunden auf einen anderen Gegner einstellen müsste, denn jeder von ihnen hat unterschiedliche Stärken und Schwächen.

Etwas Vergleichbares erwarten wir von unserem Gehirn, wenn wir ihm viele Aufgaben aufbürden. Die Idee, unser Leben wäre produktiver und wir könnten mehr Arbeit in weniger Zeit erledigen, wenn wir sie gleichzeitig angehen, ist wissenschaftlich nicht zu belegen. Im Gegenteil, zahlreiche Studien weisen eher darauf hin, dass wir uns selbst ein Bein stellen und für anstehende Arbeiten länger brauchen, als wenn wir sie nacheinander erledigen würden, eine Aufgabe nach der anderen. Sie kommen zu vernichtenden Ergebnissen in Bezug auf Produktivität und Kreativität.[8] Dass offenbar sogar unsere Intelligenz darunter leidet, setzt dem Ganzen noch die Krone auf! Laut einer Studie des Londoner Institute of Psychiatry verursacht Multitasking mit elektronischen Medien nämlich einen größeren Rückgang des IQ als das Rauchen von Marihuana oder eine Nacht ohne Schlaf.[9]

Bereits 2009 wurde an der Stanford University unter der Leitung von Clifford Nass eine Studie zum Thema Multitasking veröffentlicht. Ziel war es, die Produktivität der Arbeit von sogenannten »geübten Multitaskern« im Vergleich zu Personen zu untersuchen, die in Sachen Multitasking nicht so geübt waren. Tatsächlich erwiesen sich die geübten Multitasker im Schnitt als unproduktiver als die ungeübten Personen. Dieses Ergebnis war absolut überraschend, da es der ursprünglichen Annahme entgegengesetzt war. Man war der Überzeugung gewesen, dass Menschen, die sich über einen längeren Zeitraum antrainiert hatten, mehrere Dinge gleichzeitig zu erledigen, signifikant bessere Ergebnisse erreichen würden als Menschen, die darin eher ungeübt sind. Doch offenbar lassen sich Leute, die über einen längeren Zeitraum Multitasking betrieben haben, eher und leichter ablenken als Personen, die nicht so gut darin trainiert sind, Dinge gleichzeitig zu erledigen. Oder es zumindest zu versuchen.

Das Verrückte ist: Diese und viele andere Studienergebnisse werden dennoch seit Jahren konsequent ignoriert, vor allem in der Wirtschaftswelt. Um auf dem Weg zur Klarheit voranzukommen, müssen wir diesen Mythos der Gleichzeitigkeit ein für alle Mal beerdigen. Denn Ablenkung und Unaufmerksamkeit haben ihren Preis.

## Fatale Fehler durch Unaufmerksamkeit

Am 11. September 1974 startete ein Flug der Eastern Air Lines von Charleston in South Carolina nach Chicago. Dieser Flug sollte sein Ziel nie erreichen. 72 der 74 Passagiere des Fluges kamen bei einem Absturz in dichtem Nebel beim Landeanflug ums Leben. Die Nationale Behörde für Transportsicherheit untersuchte den Vorfall und stellte fest, dass der Grund des Absturzes ein Fehlverhalten der Piloten war. Die Auswertung der Stimmenrekorder nach dem Absturz ergab, dass sie durch Gespräche untereinander von dem Landeanflug abgelenkt waren. In der Folge wurde eine Vorschrift erlassen, die es verbietet, dass Piloten unterhalb von 10 000 Fuß – das entspricht etwa 3 000 Metern – miteinander sprechen oder von anderen Personen angesprochen werden. Diese Vorschriften wurden in den folgenden Jahren in anderen Ländern übernommen.[10]

In amerikanischen Krankenhäusern fiel den Versicherungen auf, dass es bei der Medikamentenausgabe zu teils gravierenden Fehlern kam, was zu schweren Komplikationen führen konnte. Die Patienten bekamen entweder gänzlich falsche Medikamente verabreicht oder die richtigen Medikamente, aber in der falschen Dosierung. Daraufhin wurde die strenge Regel eingeführt, dass Krankenschwestern bei der Verteilung von Medikamenten nicht gestört werden dürfen. Um das eindeutig zu signalisieren, sollten die Krankenschwestern während der Verteilung von Pillen und Tabletten farbige Westen tragen, worüber auch das übrige Personal informiert wurde. Das führte tatsächlich zu einer signifikanten Senkung der Probleme durch falsche Medikamentengabe, und zwar um sage und schreibe 47 Prozent![11]

Das sind zwei besonders drastische Beispiele, die zeigen, dass wir weniger Fehler machen, wenn wir konzentriert arbeiten können und nicht gestört werden.

## Ablenkungen im Alltag auf der Spur

Stellen Sie sich vor, Sie sitzen am Rechner und arbeiten konzentriert an einer neuen Vision für Ihr Unternehmen, um es zukunftsfähig zu machen. Sie lassen Ihre Gedanken in die Ferne wandern und erschaffen vor Ihrem geistigen Auge ein Bild Ihrer Zukunft: Sie malen sich aus, wie Sie sein und wohin Sie sich entwickeln wollen, welche Projekte Sie angehen möchten und welche Schritte Sie dafür unternehmen müssen. Plötzlich macht es Ping – und Sie wissen: Sie haben Post. Noch dazu taucht eine visuelle Benachrichtigung auf dem Bildschirm auf. Wie auf Knopfdruck triggern Sie diese Signale, »mal eben« zu schauen, was es da wohl Neues geben mag. Na toll … nur Werbung. Genervt löschen Sie den Newsletter und widmen sich wieder Ihrer Mindmap. Doch allein dieser kleine Impuls hat schon dazu geführt, dass Ihr Hirn nicht mehr in der Zukunft ist. Sie müssen wieder von vorne anfangen und Ihre Aufmerksamkeit erneut bewusst auf Ihre Fragestellung und Zielsetzung fokussieren.

Ablenkung bedeutet, dass wir nicht in die Tiefe gehen können, weil unser Geist hin und her springt. Nur wenn wir uns ablenkungsfrei fokussieren können, haben wir die Chance, uns in eine Aufgabe wirklich zu vertiefen oder eine Frage zu ergründen. Sobald wir abgelenkt sind, wandert unser Fokus von innen nach außen. Statt uns mit einer Frage intensiv zu beschäftigen oder ein Problem gründlich zu durchdenken, ziehen uns äußere Reize von der ursprünglichen Fragestellung weg. Und das kostet uns Zeit und Energie. Forscher haben herausgefunden, dass wir nach jeder Unterbrechung im Schnitt mehr als 23 Minuten (!) brauchen, bis wir wieder voll konzentriert bei der Arbeit und unserer eigentlichen Aufgabe sind.[12]

## Gesunder Menschenverstand

Hand aufs Herz, im Grunde brauchen wir doch gar keine Studien zum Thema Multitasking oder Unterbrechungen. Wir wissen aus eigener Erfahrung, dass es geradezu unmöglich ist, mehrere wichtige Dinge gleichzeitig zu erledigen. Und wir wissen auch, wie schwer es ist, sich nach einer Unterbrechung wieder voll und ganz zu konzentrieren. Genauso haben wir oft genug erlebt, wie unglaublich befriedigend es sein kann, sich um eine Sache nach der anderen fokussiert zu kümmern – nacheinander und so gründlich wie möglich. Effektiver und produktiver können wir kaum arbeiten als mit voller Konzentration und Aufmerksamkeit, die wir auf eine einzige Aufgabe richten. Das erhöht unsere Chance auf ein Flow-Erlebnis.

Beobachten Sie ein paar Tage, wann, wie und wo Ablenkungen in Ihrer Umgebung stattfinden. Führen Sie eine Liste. Eliminieren Sie im nächsten Schritt bewusst diese Ablenkungen, um sich Freiraum zu verschaffen. Das klingt relativ einfach. Und doch werden Sie schnell merken, wie knifflig dieses Unterfangen sein kann. Dabei ist die Technik, also etwa die Deaktivierung der Benachrichtigungsfunktion oder der Nicht-stören-Modus am Smartphone, die leichtere Übung. Viel schwieriger ist es, mit unseren Entzugserscheinungen umzugehen und dem Unwohlsein, das sich schnell breit-macht, weil wir uns von der Welt abgeschnitten fühlen.

Doch wenn wir den Weg zu einer neuen Klarheit meistern wollen, brauchen wir einen bewussten und veränderten Umgang mit Ablenkungen. Die Anzahl an äußeren Reizen zu reduzieren führt zu einer hilfreichen Entspannung in unserem Kopf.

## Gewollte Zerstreuung

Bei mir selbst habe ich festgestellt, dass dieser schwer zu unterdrückende Wunsch, sich jetzt abzulenken, oft etwas damit zu tun hat, dass ich ein unangenehmes Gefühl in mir trage, dem ich mich ungern stellen möchte, und daher lieber in die Zerstreuung fliehe, weil das leichter ist. Oft geht es dabei um eine unangenehme Fragestellung oder eine Entscheidung, an der ich zu knabbern habe. Manchmal ist es aber auch etwas ganz Banales, etwa dass ich in einer WhatsApp-Gruppe etwas verpasse, weil ich anderweitig beschäftigt oder gerade unterwegs bin.

Oft sind Ablenkungen recht gut getarnt. Statt uns um die bald fällige Steuererklärung zu kümmern, fangen wir an, Schubladen aufzuräumen oder den Kleiderschrank auszumisten – das war schließlich schon längst überfällig. Die Aktivität sieht nach außen ziemlich gut und logisch aus, und wir fühlen uns produktiv. Doch die Aufräumaktion ist im Kern nichts anderes als eine Zerstreuung, also eine Ablenkung. Die Steuererklärung schreckt uns aus irgendeinem Grund ab und deshalb verfallen wir in eine Übersprungshandlung.

Warum ist das so? Fakt ist: Wir lassen uns oft ablenken, weil wir es *wollen*, auch wenn es uns nicht immer bewusst ist. Das ist eine entscheidende Erkenntnis, wenn auch ein bisschen schmerzhaft. Denn wir reden uns ja gerne ein, dass wir total fokussiert arbeiten würden, wenn nur nicht ständig dies oder jenes passieren würde. Wir können gar nichts dafür! Oder etwa doch?

## Bewusster Verzicht

Die bewusste Wahrnehmung dessen, wie wir ticken und was unser Verhalten triggert, gibt uns die Kontrolle zurück. Dies legt den Grundstein für eine ablenkungsfreie Umgebung. Dann sind wir in der Lage, bewusst unser Smartphone auszuschalten, die Benachrichtigungsfunktionen am Rechner oder Tablet zu deaktivieren oder nur zu bestimmten Zeiten nachzuschauen, was es auf Facebook und Co. Neues gibt. Wenn Sie solche Maßnahmen einleiten, werden Sie bald merken, wie abhängig Sie von diesen smarten Geräten geworden sind. Aber Sie werden vermutlich auch feststellen, dass Ihnen so manches gar nicht fehlt.

Im Grunde genommen geht es vor allen Dingen darum, dass wir definieren, welchen Platz eine Aufgabe in unserem Leben hat, also welchen Stellenwert sie einnimmt, und welche Reihenfolge demzufolge für uns »richtig« ist. Sobald wir wissen, wohin unsere Reise gehen soll, fällt es uns auch leichter, eine gewisse Ordnung in unsere Aufgabenliste zu bringen. Dann verfallen wir nicht mehr in hektische, sinnlose

Betriebsamkeit. Wir tun das, was sich als die effektivste Maßnahme auf dem Weg zu einem stressfreien Leben herausgestellt hat, und wir erledigen eine Angelegenheit nach der anderen, gehen Schritt für Schritt vor. Eine Aufgabe. Ein Gespräch. Eine E-Mail. Wenn Sie sich an diese simple Regel halten, werden Sie feststellen, wie drastisch Ihr Stresslevel sinkt und wie befriedigend Ihre Arbeit werden kann.

## Laserähnlicher Fokus

Ablenkung ist für mich der Inbegriff für mangelnden Fokus. Wenn uns die Klarheit fehlt, wie wir uns ausrichten wollen und worin wir unsere Energie investieren möchten, tanzt unser Gehirn Polka. Deshalb gefällt mir vermutlich die Grundlage vieler asiatischer Kampfkünste so gut. Bei all diesen Kampftechniken geht es im Kern darum, Energie und Kraft auf einen klar definierten Punkt zu fokussieren, um dort maximale Wirksamkeit zu erreichen.

Wenn der Shaolin-Mönch weiß, wo er seinen Gegner treffen möchte, das Stück Holz zerschlagen oder die Metallstange verbiegen will, dann kann er seine gebündelte Kraft genau auf diesen Punkt lenken. Ist er darüber im Unklaren, wird er nicht seine maximale Energie einsetzen können. Diese verteilt sich stattdessen über das gesamte Holzbrett oder den gesamten Metallstab und wird die gewünschte Wirkung nicht entfalten können.

## Filtersystem für Wahrnehmungen

Vor einigen Jahren ging ein Video viral, das uns deutlich vor Augen führt, wie sehr unser Fokus bestimmt, was wir wahrnehmen. Darin ist eine Gruppe von Menschen zu sehen, die sich Basketbälle zuwerfen und dabei auch noch hin und her laufen. Eine Hälfte ist schwarz gekleidet, die anderen Spieler tragen weiße Kleidung. Die Studienteilnehmer sollten zählen, wie viele Pässe sich Team Schwarz zuwarf. Keine allzu schwere Aufgabe, möchte man meinen. Im Anschluss wurden die Probanden dann unter anderem gefragt, ob ihnen denn der Gorilla aufgefallen sei. Weit über 50 Prozent von ihnen mussten verneinen. Zum Beweis wurde das Video noch einmal gezeigt. Zur Verblüffung der Zuschauer rannte tatsächlich eine Person im Gorillakostüm durch das Bild, winkte sogar in die Kamera, und verschwand dann wieder. Dennoch waren manche Probanden der festen Überzeugung, dass beim ersten Video kein Gorilla durchs Bild gelaufen sei.[13]

Wenn wir uns mit dem Fokus und der Ausrichtung in unserem Leben beschäftigen, sollten wir auch einmal in unser Gehirn schauen. Dort gibt es das sogenannte aufsteigende retikuläre Aktivierungssystem, kurz ARAS. Dieses System hat zwar einen etwas sperrigen Namen, übernimmt aber eine lebensnotwendige Aufgabe: Es filtert aus unzähligen Wahrnehmungen und Sinneseindrücken, die auf uns einprasseln, diejenigen heraus, die wichtig erscheinen, und leitet sie an andere Hirnregionen weiter. Es ist gewissermaßen ein Filtersystem, das unser Leben, wie wir es kennen, überhaupt erst ermöglicht. Wenn wir ungefiltert sämtliche Sinneswahrnehmungen bewusst erleben würden, würden wir höchstwahrscheinlich wahnsinnig werden.

Jedoch ist das ARAS nicht besonders rational oder objektiv hinsichtlich der Informationen, die es herausfiltert beziehungsweise durchlässt. Im Grunde genommen sucht dieses System aus der Unmenge an Signalen diejenigen heraus, die neu und unerwartet sind, und natürlich jene, die für unser Überleben entscheidend sind. Wenn etwa jemand unseren Namen ruft, wird dieser Sinneseindruck in jedem Fall durch den Filter gelassen und zu einer Aktivierung führen. Unsere Aufmerksamkeit und wohin wir diese steuern, spielt eine Rolle in der Aktivierung oder Unterdrückung der Signale. Bei dem Gorilla-Experiment hatten die Probanden ihr ARAS so »eingestellt«, dass Ballkontakte von schwarz gekleideten Personen bevorzugt in ihr Gehirn gelassen wurden, denn das war die Aufgabe im Fokus. Die optische Wahrnehmung »Gorilla« wurde bei vielen dadurch vollständig ausgeblendet, obwohl ein riesiger Affe, der durchs Bild läuft, eine neue und gleichzeitig unerwartete Information ist. Aber in dem Fall eben offenbar für viele Probanden irrelevant. Dieses Phänomen wird Aufmerksamkeitsblindheit genannt.

Dieser Versuch zeigt, wie unglaublich machtvoll unser Fokus sein kann. Wenn wir bewusst unsere Aufmerksamkeit auf etwas lenken, eliminieren wir Störfaktoren außerhalb dieses Blickfelds. Wir konzentrieren unsere volle Energie auf diese Ausrichtung, und unser Handeln wird kraftvoller und konzentrierter. Andererseits mag es durchaus sein, dass uns durch die Mechanismen der selektiven Wahrnehmung wichtige Informationen oder Erkenntnisse entgehen, weil wir gedankliche Scheuklappen tragen.

Entscheidend ist, dass wir uns dieser Möglichkeiten bewusst sind: Das, worauf wir uns konzentrieren, bekommt mehr Kraft und Größe in unserem Leben. Sobald wir unseren Fokus verändern und etwas Neues in den Blick nehmen, »denkt« unser Gehirn, dass es uns wichtig ist, und reduziert entsprechend andere Störfaktoren. Deshalb ist es essenziell, mit großer innerer Klarheit unseren Fokus im Leben zu setzen. Es ist so etwas wie ein Bündeln unserer Kräfte, doch diese sind nicht unbegrenzt verfügbar. Die innere Ausrichtung, die wir wählen, ist einer der wichtigsten Bausteine auf unserem Weg zu mehr Klarheit und Leichtigkeit.

## Orientierungslos ohne Ausrichtung

Ich habe vielfach beobachtet, dass Menschen ohne eine klare Ausrichtung zu einem Spielball des Lebens werden und sich dann darüber wundern, dass ihr Dasein so mühselig und verwirrend ist.

Manche Menschen haben eine völlig unklare Ausrichtung. Sie wechselt munter hin und her ohne erkennbaren Grund. Jeden Morgen geht es in eine neue Richtung. Aus ihrer inneren Unklarheit entsteht eine instabile Positionierung im Leben. Das treibt sie selbst und ihr Umfeld schier in den Wahnsinn, denn dabei geht es nicht um überbordende Kreativität oder die Suche nach neuen, innovativen Lösungen. Es ist ein permanentes Springen, welches wir dann im Leben beobachten können. Immer ist das Gras auf der anderen Seite des Zaunes viel grüner, und man wechselt schnell die Seiten.

Andere Menschen weigern sich strikt, sich überhaupt auf etwas auszurichten. Oft erleben wir das in persönlichen Gesprächen, wenn wir beispielsweise kontrovers diskutierte Themen ansprechen. Oder aber es gibt eine Beliebigkeit, beispielsweise für eine Unternehmung oder eine Urlaubsreise. Fast immer steckt dahinter die Angst, sich festzulegen, oder die Sorge, man könnte jemandem auf die Füße treten. Der Preis dafür ist hoch. Um in wichtigen Fragen eine Entscheidung fällen zu können, benötigen wir eine solide innere Ausrichtung. Fehlt dieser Maßstab, wird es uns schwerfallen, eine Entscheidung über unseren Weg zu fällen.

Beide Phänomene – die schwankende oder gar keine Ausrichtung – führen langfristig zu Frustration, weil das Gefühl in den Menschen wächst, das Leben sei unbefriedigend oder gar sinnlos. Ihr Stresspegel steigt, und ihre Unklarheit steckt andere Menschen in ihrer Umgebung und ihren Teams an. Zweifellos ist es in unserer Gesellschaft der fast endlosen Optionen nicht leicht, eine grundlegende Ausrichtung zu definieren. Sich festzulegen und einen klaren Fokus zu haben bedeutet eben auch, sich gegen andere Weggabelungen des Lebens zu entscheiden (mehr dazu in Kapitel 4).

Sie allein entscheiden, was Ihnen wirklich wichtig ist. Zu diesem Zweck dürfen Sie auch bewusst wählen, was Ihre Aufmerksamkeit verdient – und was nicht. Die entscheidende Frage lautet, ob Sie bereit und mutig genug sind, den Schritt zu wagen, für Ihr weiteres Leben eine Wahl zu treffen und Ihre innere Ausrichtung festzulegen.

# Die Suche nach dem Warum

Wenn wir uns die heutige Arbeitswelt anschauen, so erleben wir um uns herum, in unseren Teams und unter unseren Kollegen eine zunehmende Erschöpfung. Trotz Homeoffice und vieler anderer Erleichterungen am Arbeitsplatz steigt die Quote der Menschen, die sich ausgebrannt und energielos fühlen, dramatisch an. Woran mag das liegen? Ich finde, dass der gestresste Zustand, in dem wir uns in Bezug auf unsere Arbeit befinden, unnatürlich ist. Wir haben uns diese Misere selbst eingebrockt. Wir haben das Hamsterrad, das wir »Arbeitswelt« nennen, selbst erschaffen. Und nun beklagen wir uns darüber, dass wir keine Freude und keinen Spaß mehr an dem haben, was wir tagtäglich tun? Es gibt einen Ausweg, doch dazu müssen wir einen Moment innehalten und bewusst betrachten, was der wahre Grund für unsere Erschöpfung ist. Meine Antwort: innere Unklarheit!

Viele haben sich an den Zustand von Unklarheit und Verwirrung so sehr gewöhnt, dass sie ihn für völlig normal halten. Sie können sich kaum vorstellen, wie es wäre, ohne all diese Anstrengungen und all den Stress ihre Arbeit zu erledigen. Da alle um sie herum sich genauso abmühen, halten sie an diesem Zustand fest und nehmen ihn hin. Es scheint ja offenbar zum Menschsein zu gehören, gestresst zu sein und abends müde und erschöpft aufs Sofa zu sinken. Wenn Sie sich ab Mittwoch schon auf das kommende Wochenende freuen und sich am Freitag bei dem bloßen Gedanken an den nächsten Montagmorgen bereits total gestresst fühlen, herrscht dringender Handlungsbedarf.

»Je weniger Sie sich von
den Geschehnissen in dieser
materiellen Welt leiten lassen,
desto mehr werden Sie
auf die Details achten.«

David Allen

Die meisten von uns verbringen einen Großteil ihres Lebens mit der Arbeit. Wie können wir zulassen, dass dieser zentrale Anteil dessen, was wir Leben nennen, uns dauerhaft unglücklich macht? Nach meiner Beobachtung in über dreißig Jahren Teamführung schleppen sich mitunter selbst Menschen in Teilzeit mehr schlecht als recht durch den Arbeitsalltag. Andere sind trotz einer hohen Arbeitslast weiterhin leistungsfähig. Für mich ist klar: Das Gefühl der Erschöpfung hängt nicht mit der Quantität zusammen. Es geht um die Qualität und Tiefe dessen, was wir tun. Daher bringt eine reine Reduktion der Stundenzahl in der Regel wenig, das ist letztlich nicht zielführend. Kurzfristig kann eine Verschnaufpause hilfreich sein, ist aber keine Dauerlösung. Damit behandeln wir ein Symptom, aber nicht die Ursache.

Mein Ziel als Führungskraft war es immer, dass meine Teams nach der Arbeit erholter und energiegeladener sind als am Morgen. Ich mache dazu regelmäßig einen Checkup und stelle mir dafür unter anderem folgende Fragen: Ist die Atmosphäre nachmittags gelöster als vormittags? Wird über den Tag verteilt auch mal herzhaft gelacht? Bleiben die Mitarbeiter ab und an nach Feierabend noch ein paar Minuten länger, um sich auszutauschen? Ist die Körpersprache entspannt und aufrecht?

Sollte ich beobachten, dass es hier Abweichungen gibt, die »Verspannung« zunimmt und die Atmosphäre nicht positiv ist, suche ich in jedem Fall das Gespräch. Können wir den Fokus gemeinsam verändern? Richten wir unseren Blick wirklich auf die Chancen, die wir momentan haben? Manchmal hilft es auch, meine Beobachtung und meine Emotionen ganz offen anzusprechen. »Heute läuft es ja nicht so leicht und rund nach meinem Gefühl. Ist das bei euch gerade auch so?« Das alleine bewirkt häufig schon eine Menge, denn oft brechen die anderen dann ihr Schweigen, und wir tauschen uns aus. Vielen fällt dann sichtlich ein Stein vom Herzen, und danach sind alle wieder etwas lockerer.

## Essenzielle Fragen des Lebens

Wir können nicht hergehen und von der Welt Klarheit fordern, wenn in unserem Inneren alles drunter und drüber geht und wir selbst nicht wissen, wo wir stehen – geschweige denn, wohin wir wollen. Bei anderen fällt es uns leicht, Fehlverhalten zu erkennen oder bei Problemen Ratschläge zu geben. In Bezug auf uns selbst sind wir jedoch oftmals »betriebsblind«, und es fällt uns unendlich schwer zu formulieren, was uns persönlich wichtig ist an unserer Beziehung, an unserem Job und ganz allgemein im Leben.

Klarheit bedeutet die Befreiung von Unwichtigem. Was dazu zählt, ist sehr individuell. Dafür gibt es keinen einheitlichen Maßstab oder ein objektives Auswahlkriterium. Nehmen Sie sich etwas Zeit und schreiben Sie auf, was Ihnen *wirklich* wichtig ist. Hilfreich zum Einstieg sind dabei folgende Fragen:

- Wohin schauen Sie derzeit, was ist in Ihrem Fokus?
- Welches ist die grundlegende Richtung, die Sie Ihrem Leben geben wollen?

- Worauf kommt es Ihnen im Leben an?
- Wohin zieht es Sie am meisten?
- Wo können Sie Ihre Fähigkeiten am besten zum Einsatz bringen? Bündeln Sie Ihre Kräfte bereits zu diesem Zweck?
- Ist Ihr Job erfüllend und befriedigend, oder wünschen Sie sich eine Veränderung?
- Wohin schauen Sie, wenn Sie mit der Kristallkugel in Ihre Zukunft schauen?
- Wo leben Sie, wie leben Sie, wie arbeiten Sie, wie lieben Sie in Ihrem Traumleben?
- Wovon wollen Sie künftig mehr haben, wovon weniger – egal ob im Privaten oder Beruflichen?

Wenn Sie als Führungskraft ein neues Projekt leiten sollen, können Sie sich fragen: In welche Richtung soll dieses Projekt steuern? Dabei geht es weniger darum, konkrete Ziele festzulegen. Es geht um die Grundausrichtung.

Meine Erfahrung ist: Je besser ich in der Lage bin, meinen Fokus bewusst zu setzen, desto schwerer kann mich der Lärm des Lebens von meinem wahren Kurs ablenken. Indem wir uns den essenziellen Lebensfragen stellen, diese bewusst und sehr konkret für uns formulieren und beantworten, »programmieren« wir unser Gehirn darauf, sich auf diese großen Lebensziele zu fokussieren. In kniffligen Situationen und bei schwierigen oder lebensverändernden Entscheidungen erleichtert unser laserähnlicher Fokus den Prozess, zu einer für uns stimmigen Antwort zu gelangen, weil wir wissen, wohin wir wollen. Daher können wir besser abgleichen, welche Entscheidung uns auf diesem Weg weiterbringt und welche eher eine Sackgasse oder einen unnötigen Umweg darstellt.

## Wertekompass im Fokus

In den vergangenen Jahren gab es eine leidenschaftlich geführte Diskussion zum Thema Werte. Unternehmen fingen an, ihre Werte zu definieren, und es gab zahlreiche Fortbildungen und Diskussionsveranstaltungen dazu. Doch allzu oft geraten wir dabei in Sackgassen. Ich halte Werte für unsere innere Ausrichtung ebenso wichtig wie Fokussierung, aber ich bin inzwischen eher zurückhaltend, wenn es darum geht zu entscheiden oder gar anderen Menschen vorzuschreiben, welches gute oder weniger gute Werte sind.

Ehrlichkeit, Wahrhaftigkeit, Vertrauen und Ähnliches verkommen schnell zu Worthülsen, wenn sie nur irgendwo notiert werden, aber keinerlei innere Resonanz auslösen. Es ist fast zu einer Mode verkommen, dass sich Unternehmen oder auch Personen im öffentlichen Leben das Thema »Werte« auf die Fahnen schreiben. Da gibt es ganze Kataloge auf Internetseiten großer Firmen mit unzähligen wohlklingenden Begriffen. Ich bin eher skeptisch, ob dieses Vorgehen wirklich ein verändertes Verhalten zur Folge hat.

Nehmen wir beispielsweise Ehrlichkeit – was ist konkret damit gemeint? Gibt es überhaupt so etwas wie absolute Ehrlichkeit? Zweifellos gibt es Situationen, in denen eine Notlüge die bessere Alternative sein wird. Mir geht es darum, dass wir in die Tiefe gehen, bevor wir solche Begriffe verwenden, damit sie auch gelebt werden können, statt als schicke Worthülsen unsere Unternehmensbeschreibung zu schmücken. Also, was ist gemeint – konkret und im Detail? Was meinen wir, wenn wir von Ehrlichkeit, Vertrauen, Authentizität, Transparenz, Diversity et cetera reden? Wie verändert sich dadurch unsere Sicht auf die Menschen und auf die Welt? Gehen wir anders miteinander um? Und wenn ja, wie?

Wertschätzung – ein Wert, der mir im Leben überaus wichtig ist – bedeutet für mich persönlich zum Beispiel, dass ich Menschen stets wohlwollend begegne, ihnen aber aus dieser Position heraus durchaus sage, wenn ich mit ihrer Leistung oder ihrer Reaktion nicht zufrieden bin. Dann gibt es von mir klares und konstruktives Feedback zu ihrem Wirken und Handeln. Mag sein, dass das manchen Betroffenen im ersten Moment unangenehm ist, aber für mich ist das der Inbegriff von Wertschätzung. Ein anderer legt den Begriff womöglich anders aus. Deswegen muss Klarheit herrschen, was genau gemeint ist und worauf wir uns als Team oder im Unternehmen einigen. Ebenso wichtig ist es, unseren persönlichen Wertekompass bewusst zu betrachten und gegebenenfalls neu zu kalibrieren.

## Ursprung der Werte

Viele unserer Werte sind kulturell geprägt, oder wir übernehmen sie aus unseren Familien. Spannend ist zu beobachten, wie stark der Einfluss unserer Umgebung, in der wir groß werden, auf unsere Werte ist. Welchen Stellenwert hat etwa der Zusammenhalt der Familie? Hier gibt es Kulturkreise beispielsweise in Asien oder im arabischen Raum, in denen dieser Wert deutlich höher und stärker ausgeprägt ist als etwa in unserem westlichen Kulturkreis.[14] Das soll keine Wertung sein, es ist eher eine Feststellung auf Grundlage meiner persönlichen Beobachtung.

Auf meinen Reisen durch zahlreiche Länder habe ich in den Begegnungen mit Menschen beobachten können, wie massiv Familienstrukturen, gesellschaftliche und religiöse Ausrichtung und die Geschichte eines Landes die dort lebenden Menschen in ihrem grundsätzlichen Wertesystem prägen. In China ist es beispielsweise gang und gäbe, bei Geschäftsbeziehungen Familienmitglieder zu bevorzugen – hierzulande würde einem Unternehmer in einem solchen Fall vermutlich Vetternwirtschaft vorgeworfen. Ich fand es immer faszinierend zu beobachten, wie unterschiedlich die Welt und ihre Zusammenhänge in verschiedenen Kulturen betrachtet werden und welche Wertmaßstäbe sich dabei herausbilden können.

Wir müssen uns diese vorgelebte und damit teilweise erlernte Ausrichtung unserer Werte bewusst machen. Gerade in jüngeren Jahren erleben wir zahlreiche Prägungen. Es liegt mir fern, diese zu bewerten. Nichtsdestotrotz kann es hilfreich sein, sich dieser inneren Kräfte bewusst zu werden und sie gegebenenfalls auf den Prüfstand zu stellen. Wir müssen diese Thematik aus dem Unbewussten ins Bewusstsein überführen. Es wird Zeit, dass wir diesen Aspekt unseres Ichs an die Oberfläche holen, vollständig befreit von gesellschaftlichen Zwängen und Vorgaben. Es ist unser individueller Prozess, dem wir folgen.

Werte von anderen nur zu übernehmen, weil sie gut klingen und wir eben auch »gut« sein wollen, ist weder zielführend noch authentisch. Es geht um das, was in uns tickt. Das, was uns prägt und zu Entscheidungen in unserem Leben antreibt. Deshalb führt meiner Meinung nach an der Beschäftigung mit unseren Werten kein Weg vorbei, wenn wir unserem Leben eine klarere Ausrichtung geben wollen.

## Perspektiven auf das Leben

Menschen schauen aus unterschiedlichen Perspektiven auf das Leben. Die entscheidende Frage lautet: Welche ist die »richtige«? David Allen spricht in diesem Zusammenhang von »langfristiger Ausrichtung« oder »kurzfristiger Kontrolle und Sicherstellung«.[15] Demzufolge gibt es Menschen, die grundsätzlich zum Horizont und am liebsten noch ein Stückchen darüber hinausblicken, Richtung ferner Zukunft. Sie führen ein Leben jenseits des Tellerrands, und es gibt kaum eine Vision oder Wunschvorstellung, die ihnen unerreichbar scheint. Sie malen sich eine sensationelle Zukunft der Welt aus, wie sie sein könnte. So jemand ist zum Beispiel Elon Musk, der es – allen Unkenrufen zum Trotz – geschafft hat, aus dem Nichts mit Tesla ein führendes Unternehmen für Elektromobilität zu schaffen. Und er sprüht nur so vor weiteren Ideen, die er gerne umsetzen will: mit SpaceX erst in den Weltraum und womöglich schon bald bis zum Mars vordringen oder mit dem Hyperloop superschnell von A nach B gelangen.

»Wer hinter mehreren Hasen
herläuft, fängt keinen.«

Sprichwort

Das sind Menschen, die regelrecht überschäumen vor großen Ideen, die Unternehmen, Branchen oder gar die ganze Welt umkrempeln und verändern sollen. Nach einer Stunde in einem Meeting schwirrt den Visionären, aber auch den anderen Teilnehmern der Kopf. Das klingt alles total fantastisch. Was man alles tun könnte – gigantisch! Doch oftmals holt die Realität diese Menschen auch schnell wieder ein, weil es ihnen nicht gelingt, sich Schritt für Schritt auf diese großen Visionen zuzubewegen. Das Problem: Kontrolle und systematische Zielverfolgung, also im Grunde das Tagesgeschäft im Business, lassen bei dieser Weltanschauung zu wünschen übrig. Die Konsequenz: Große Visionäre bleiben letztlich genauso stehen wie jemand, der niemals im Leben auch nur eine große Idee und langfristige Vision formuliert hat.

Den Gegenpol bilden Menschen, die derlei großspurig und teils größenwahnsinnig wirkende Visionen vom Tisch wischen. Sie holen ihre Tabellenkalkulationen heraus und weisen darauf hin, dass die Gehaltszahlungen im nächsten Monat nicht sichergestellt seien. In jedem Unternehmen kennen wir diesen Menschentypus, meist zu finden im Bereich Controlling oder Buchhaltung. Und das ist gut so, denn hier ist Genauigkeit im Hier und Jetzt gefragt. Die Finanzplanung muss eingehalten werden, damit das Unternehmen zahlungsfähig bleibt. Sämtliche Gesetze und Regeln werden befolgt. Da werden Projektpläne mit großer Detailverliebtheit auf dem aktuellen Stand gehalten und Ressourcen bis zur letzten Minute eingeplant und nachverfolgt.

Das Problem: Diese Menschen sind in ihrer Kontrollwut völlig verfangen und stellen den Status quo nie infrage. Die

Folge: Frustration, und zwar bei allen Beteiligten auf lange Sicht. Denn zunehmend mehr Leute werden sich fragen, warum sie all diese Excel-Tabellen ausfüllen und jede Minute ihre Arbeitszeit einer Kostenstelle zuordnen sollen. Es fehlt eindeutig an der langfristigen Perspektive. Das kontrollierte Verfolgen von Aufgaben im Tagesgeschäft, ohne den Blick für das große Ganze zu haben, führt zu einer toten Organisation mit einem hohen Frustrationslevel.

## Balance zwischen Extremen

Hört sich also beides irgendwie nicht vielversprechend an, oder? Stimmt, nach meiner Erfahrung lockt weder der sichere Sieg bei einer alleinigen Ausrichtung auf die Zukunft noch können wir das Spiel mit der reinen Fokussierung auf das Tagesgeschäft gewinnen. Für »Großdenker« ist es eine Plage, sich mit den Niederungen des Alltags auseinanderzusetzen, also so etwas Dröges wie Liquiditätspläne, Bilanzen oder Steuererklärungen. Die »Regelbefolger« empören sich hingegen darüber, dass man sich der Frage widmen sollte, wer das Ganze bezahlen soll, bevor man anfängt, große Spinnereien und Luftschlösser zu entwerfen.

Zielführend ist – wie so oft im Leben – eine gute Balance zwischen diesen beiden Extremen. Dann haben wir eine klare Vorstellung unserer inneren Ausrichtung auf die Zukunft, und es gelingt uns, jeden Tag systematisch und kontrolliert den nächsten Schritt auf dem Weg zu diesem Ziel zu gehen. David Allen nennt diese mentale Ausrichtung »Master and Commander«[16], zu Deutsch »Kapitän und Kommandant«, benannt nach dem legendären Film mit Russell Crowe in der Hauptrolle. Dabei geht es um einen Kapitän, der unter erschwerten Bedingungen Entscheidungen fällen muss, weil er ständig von Piraten angegriffen wird. Dabei muss er eine kluge Vision als Ausweg entwerfen und gleichzeitig dafür Sorge tragen, dass sein Schiff manövrierfähig bleibt. Solche Menschen zeichnet also die Kombination von kühner Weitsicht und strategischem Denken und Handeln aus.

Für mich funktioniert das hervorragend, ich bin sehr glücklich darüber, dieses Denk- und Verhaltensmuster fest in mein Leben und Wirken integriert zu haben. Und ich bin Menschen wie David Allen, einem meiner wichtigsten Trainer und Mentoren überhaupt, unendlich dankbar für diese lebensverändernde Erkenntnis. Geben Sie in Ihrem Leben beiden Perspektiven den Raum, den sie verdienen. Es wird Zeiten geben, in denen Sie sich etwas stärker um den Alltag und kurzfristige Dinge kümmern müssen. Doch dann brauchen Sie wieder etwas Freiraum für große Ideen, die Ihre Teams und Ihr Unternehmen voranbringen und langfristig zukunftsfähig halten.

Große Ideen zu entwerfen und gleichzeitig darüber nachdenken, wie man sie in die Welt bringen kann, bringt unser Leben in den richtigen Fluss und schafft Raum für Klarheit. Der Vortragsredner und Coach Bodo Schäfer hat es einmal bei einem Workshop so ausgedrückt: »Wir überschätzen, was wir in einem Jahr leisten können. Und wir unterschätzen, was wir in sieben Jahren erreichen können.« Die Kunst ist also, sich ein Ziel zu setzen, das Sie erreichen möchten, und dann diszipliniert und mit Routinen Schritt für Schritt konsequent darauf hin zu arbeiten (mehr dazu in Kapitel 4).

## Der Weg der Mitte

Es geht auf unserem Lebensweg immer auch darum, das richtige Maß an Kontrolle und Loslassen für uns zu finden. Entspannung ist ein klarer Indikator dafür, ob wir uns in einer guten Balance befinden. Zu viel Kontrolle erzeugt genauso viel Stress und Anspannung wie die Vernachlässigung der Dinge, die unsere Aufmerksamkeit dringend erfordern. Das gilt in der Teamführung ebenso wie in unserem privaten Umfeld. Ein gutes Sinnbild ist für mich ein Golfschläger: Halten wir ihn verkrampft fest, wird uns kein guter Abschlag gelingen. Unsere Muskeln können den Schwung nicht im richtigen Rhythmus ausführen. Halten wir ihn viel zu locker, werden wir ebenfalls ziemlich sicher den Ball verfehlen. Es besteht sogar die Gefahr, dass uns der Schläger aus den Händen gleitet. Nur wenn uns diese Balance bewusst ist und wir darauf achten, können wir mit mehr Klarheit entspannt unser Leben angehen.

Zum Glück habe ich auch oft erleben dürfen, was es bedeutet, die Klarheit zurückzugewinnen, diesen kostbaren Schatz, der unsere Seele zum Klingen bringt. Dann wird eindeutig definiert, welcher der richtige Platz für uns ist, und wir können voller Selbstvertrauen den Weg gehen, der für uns bestimmt ist. Wir spüren wieder einmal, wie wundervoll das Leben sein kann, wenn es fließt, und können uns schon mal freuen, da sich Fortschritte und Erfolge bald einstellen werden.

## TEILE DIE WOLKEN …
### Kernideen für klarere Sicht

- Wir müssen die Ablenkungen und Zerstreuungen in unserem Leben auf den Prüfstand stellen, da sie uns ausbremsen können.

- Unser Fokus lenkt unsere Energie und unsere Kraft, egal was wir im Leben erreichen wollen.

- Unsere Wertevorstellungen und Glaubenssysteme definieren unseren Handlungsrahmen für zukünftige Entscheidungen.

- Wir kommen schneller und besser voran, wenn wir uns auf eine Sache voll und ganz konzentrieren, statt alles gleichzeitig erledigen zu wollen.

- Die richtige Balance zwischen Perspektive und Kontrolle führt zu einem entspannten und klaren Leben.

## … UND FINDE DEN WEG
### Mit fünf konkreten Maßnahmen mehr Fokus und Ausrichtung erreichen

1. Beobachteten Sie sich in den nächsten sieben Tagen. Immer wenn Sie sich ablenken wollen, halten Sie kurz inne und horchen Sie in sich hinein: Aus welchem Gefühl heraus wollen Sie handeln, und was ist der

Auslöser? Nehmen Sie wahr, was in Ihnen vorgeht, bevor Sie sich ablenken lassen. Eliminieren Sie im nächsten Schritt – so weit möglich – störende Ablenkungen. Für den Arbeitsalltag bietet es sich zum Beispiel an, die Benachrichtigungsfunktionen auf Ihrem Computer sowie auf Ihrem Smartphone auszuschalten, während Sie konzentriert arbeiten.

2. Machen Sie sich die Auswirkungen Ihrer Mediennutzung und anderen Ablenkungen mithilfe einer nüchternen Analyse bewusst: Welche Aktivitäten bringen Sie persönlich oder beruflich voran und bereichern Ihr Leben? Welche halten Sie im Grunde von wichtigeren Dingen ab oder verschlechtern Ihre Laune? Finden Sie einen Umgang mit sozialen Medien und anderen Zerstreuungen, den Sie als sinnvoll empfinden.

3. Nehmen Sie sich eine Stunde Zeit und schreiben Sie alles auf, was Ihnen zum Thema »Fokus und Ausrichtung« durch den Kopf geht. Sortieren Sie diese Gedanken in größere Bereiche, bis Sie drei oder vier klare Fokusbereiche in Ihrem Leben identifiziert haben. Was sind Ihre großen Ziele im Leben? Wofür möchten Sie in Zukunft mehr Zeit einsetzen – und was möchten Sie reduzieren?

4. Denken Sie in Ruhe darüber nach, welche Werte Ihr Denken und Handeln prägen. Notieren Sie sich alle Wertevorstellungen, die Sie identifizieren können. Im nächsten Schritt versuchen Sie, die gefundenen Werte in eine Rangfolge zu bringen: Welcher ist Ihr wichtigster Wert? Verschaffen Sie sich einen Überblick über Ihren Wertekompass.

5. Überlegen Sie, in welchen Bereichen Ihres Lebens Sie die Kontrolle erhöhen müssen und in welchen Bereichen Ihnen die Zukunftsperspektive verloren gegangen ist. Definieren Sie für diese Bereiche die notwendigen Schritte, um Kontrolle und Perspektive wieder in eine entspannte Balance zu bringen.

Zu diesem Wolkenteiler stelle ich auf *www.wolkenteiler.de* ebenfalls passende Ergänzungen, Checklisten und kurze Videos bereit. Schauen Sie mal rein!

# 3
## KONZENTRATION
# WIRKEN UND HANDELN OHNE ABLENKUNGEN

»Wirrwarr ist einer der größten Feinde
der Effizienz und ein Zeiträuber.«

Don Aslett

Ich kann es gar nicht oft genug betonen: Kreativität und Klarheit brauchen Freiraum. Diesen haben wir in unserem Kopf bereits geschaffen durch mehr innere Ordnung und eine konkrete innere Ausrichtung. Wir brauchen aber auch Klarheit in unserem unmittelbaren Wirken und Tun. Dafür müssen wir unsere Umgebung – egal ob im privaten oder beruflichen Umfeld – so gestalten und organisieren, dass wir uns ohne Ablenkungen den wirklich wichtigen Aufgaben widmen können.

Nun wenden wir uns also dem äußeren Raum zu: unserem Schreibtisch, der äußeren Struktur unserer Arbeit sowie ganz allgemein der Art und Weise, wie wir unser Leben tagtäglich gestalten und bestreiten. Je weniger unser Gehirn sich mit dem äußeren Raum beschäftigen muss und je geringer die Ablenkungen in diesem Raum sind, desto eher kann es uns gelingen, neue Klarheit in unser Leben zu integrieren.

Dieser Wolkenteiler nimmt zwar vor allem unseren Arbeitsplatz in den Blick, doch die Erkenntnisse und Methoden lassen sich problemlos auf das Privatleben übertragen. Wenn wir jenseits von Verwirrung und Unsicherheit wissen, wie wir die fantastischen technischen Möglichkeiten der Digitalisierung zielgerichtet einsetzen können, können sie ihre wahre Kraft entfalten. Unser Weg zur Klarheit geht aber noch wesentlich tiefer und weiter, als nur Ordnung am Arbeitsplatz zu schaffen. Es geht darum, langfristig eine Struktur aufrechtzuerhalten, in der wir uns sicher fühlen können und unser Gehirn entspannt. Neue Routinen sind das Fundament, auf dem wir die nächsten Schritte hin zu unseren

Lebenszielen aufbauen. Sie helfen uns voranzukommen und unterstützen nachhaltig unsere Weiterentwicklung.

Die zentralen Fragen bei diesem Wolkenteiler lauten:

- Wie kann es gelingen, unsere äußere Umgebung so aufzubauen und zu organisieren, dass sie uns auf dem Weg zur Klarheit bestmöglich unterstützt?
- Welche Strukturen in unserem Leben stärken oder schwächen unsere innere Klarheit?
- Wie gelingt es uns, die technischen Möglichkeiten, die uns heute zur Verfügung stehen, in unserem Sinne zu nutzen?
- Wie halten wir das Chaos an unserem Arbeitsplatz am besten im Zaum?
- Wie bringen wir die Kraft auf, um unsere tief verankerten Glaubenssätze, Traditionen und Angewohnheiten nachhaltig zu verändern?

## Der Preis der Desorganisation

Wenn wir uns um Klarheit kümmern, gehört eine sichere Struktur im Alltag dazu. Eins steht für mich fest: Nur wenn wir bereit sind, unsere als normal und selbstverständlich betrachteten Gewohnheiten loszulassen und uns einer tieferen Betrachtungsweise zu öffnen, kommen wir wirklich voran. Und mir ist vollkommen bewusst, wie schwer das sein kann. Zu sehr haben wir uns daran gewöhnt, dass es »eben so ist, wie es ist«, dass wir gehetzt sind, uns unwohl fühlen und daran zweifeln, wirklich am richtigen Platz zu sein im Leben.

Im Grunde genommen geht es in der äußeren Welt darum, den Dingen einen Platz zuzuweisen, also eine Struktur zu definieren, die einer klaren Ordnung folgt. Ob wir Aufgaben an einem bestimmten Ort festhalten, beispielsweise unsere Projektsoftware, oder für unsere Aktivitäten gezielt Ordner anlegen und alle zugehörigen Inhalte dort speichern – Hauptsache, es hat einen festen Platz. Von unserem Schreibtisch angefangen bis hin zu unseren privaten Lebensbereichen schaffen wir so mehr Ordnung und Durchblick.

Sind wir desorganisiert, findet sich keinerlei Struktur in unserem Leben, wir lassen uns von den Wellen des Lebens treiben. Je nach Lust und Laune entscheiden wir täglich neu, wohin es uns treibt und was wir tun wollen oder wie wir uns organisieren. Völlig unvorhersehbar und unberechenbar, denn es ist kein Muster erkennbar, wenn die innere Klarheit fehlt. Im Business kann es dann leicht passieren, dass uns wichtige Aufgaben und Projekte »durchrutschen«. Das Datum ist gesetzt, und wir wissen eigentlich ganz genau, was zu tun ist. Aber irgendwie schaffen wir es nicht, in unseren Alltag integriert rechtzeitig anzufangen und systematisch daran zu arbeiten. Selbstmanagement heißt hier das Zauberwort!

## Ordnung im Hier und Jetzt

Ja, es gibt Menschen, die selbst in einer lauten und chaotischen Umgebung unglaubliche Leistungen vollbringen können. Meiner Erfahrung nach ist das aber eine kleine Minderheit. Die Faustregel lautet: Je mehr Ablenkungen unser Umfeld generiert, desto schneller springt unser Gehirn darauf an, und wir lassen uns mitreißen. So entfernen wir uns von der Klarheit und von neuen Ideen.

David Allen hat in seinem Konzept »Getting Things Done« hervorragend herausgearbeitet, dass effektives Arbeiten vor allen Dingen darauf basiert, als Erstes das zu ordnen und zu sortieren, was hier und jetzt vor uns liegt. Manchmal ist es demnach der beste Weg, den Schreibtisch aufzuräumen, den Posteingang zu leeren und all die vielen kleinen Dinge zu sortieren, mit dem Ziel, vollkommen im Hier und Jetzt zu sein. Deshalb beginnt sein Wochenrückblick immer damit, im ersten Schritt sämtliche Angelegenheiten zu regeln, die *jetzt* geregelt werden müssen, um auf diese Weise Ordnung in der Gegenwart zu schaffen. Erst im zweiten Schritt geht es darum, eine mögliche Zukunft zu durchdenken. Er bringt diesen Gedanken auf eine recht einfache Formel: »Get Clear – Get Current – Get Creative«. Zu Deutsch bedeutet das so viel wie »Klarheit schaffen – in der Gegenwart sein – kreativ werden«.

Ich finde das überaus schlüssig und stimmig. Der Weg zur Klarheit startet ja auch nicht nur bei uns selbst, sondern stets im jetzigen Augenblick (Stichwort: Gegenwärtigkeit). Wie sollten wir Klarheit über unsere Zukunft erlangen, wenn wir noch nicht einmal in der Lage sind, im Hier und Jetzt unsere unmittelbare Umgebung zu ordnen?

## Radikale Reduzierung auf das Wesentliche

Es gibt verschiedene Ansätze, dem Chaos im Leben zu begegnen. Einige Menschen versuchen es mit radikaler Reduktion. Es gibt eine immer größer werdende Bewegung von Menschen, die den Verzicht üben, weniger konsumieren und Überflüssiges aussortieren. Das kann verschiedene Formen annehmen. Von den digitalen Minimalisten war schon in Kapitel 2 die Rede. Andere Menschen ziehen vom Mehrfamilienhaus in ein sogenanntes Tiny House um und reduzieren dazu ganz bewusst ihren Besitz. Manche Leute setzen auf Entschleunigung im Leben, das heißt sie verzichten darauf, jedem Trend nachzujagen, und räumen Entspannung und Achtsamkeit mehr Raum in ihrem Leben ein. Die sogenannten Frugalisten wollen raus aus dem Hamsterrad und leben zu diesem Zweck so sparsam wie möglich, sodass sie ihre Arbeitszeit auf ein Minimum reduzieren können. Auf die Spitze getrieben wäre es der Aussteiger in der Hütte mitten im Wald, auf einer einsamen Insel oder hoch oben auf dem Berg. Oder der (digitale) Nomade, der mit sehr wenig Gepäck durch die Welt reist.

Selbstverständlich ist radikaler Minimalismus ein möglicher Weg zu mehr äußerer Ordnung, da er die Anzahl der Optionen verringert und uns so Klarheit zurückgibt. Es ist aber nicht jedermanns Sache. Es geht bei Verzicht nicht unbedingt darum, wie ein bettelarmer Mönch in einem Kloster zu leben oder der digitalen Welt endgültig zu entsagen. Vielleicht ist ein solcher Einschnitt gar nicht nötig. Sinnvoll ist es hingegen, uns einen Überblick – also Klarheit – zu verschaffen, was wir besitzen, und zu überlegen, ob das wirklich alles notwendig ist in unserem Leben. Wenn zu lange zu viel Unordnung herrscht, verplempern wir viel Zeit mit Sucherei, wir verschwenden Geld, weil wir Dinge doppelt oder dreifach anschaffen, da wir schlicht vergessen haben, was wir bereits haben.

## Wachsendes Chaos als gutes Omen

Eines schönen Samstagmorgens entschloss ich mich, endlich ein Projekt anzugehen, das ich schon längst mal in Angriff genommen haben wollte. Heute war mir irgendwie danach. Diesem inneren Impuls folgend, fing ich voller Elan an, den Schuppen auszumisten. Ich nahm alles aus den Regalen, leerte Kisten und Schubfächer aus, der Fußboden stand schon bald voller Krimskrams. Mittendrin fiel mir dann auf, dass das wohl doch keine so gute Idee war, denn jetzt herrschte mehr Chaos als je zuvor. Alles war komplett durcheinander und unsortiert, selbst im Hof und in der Einfahrt hatte ich mich ausgebreitet. Was für ein heilloses Durcheinander! Und mit jeder Kiste, die ich öffnete und ausleerte, wuchs das Chaos weiter an. Was davon konnte weg, was sollte ich behalten, woran hing ich besonders? Langsam, aber sicher verlor ich den Durchblick.

Haben Sie das auch schon mal erlebt und durchlitten? Ich kann Sie beruhigen, das Phänomen, dass das Chaos irgendwann sogar noch größer wird, ist ganz normal. Es ist ein Teil des Prozesses. Problematisch wird es nur, wenn wir vorschnell frustriert aufgeben und die Sache dann nicht zu Ende bringen. Wenn das passiert, stopfen wir alles unsortiert zurück in die Regale und haben das bisschen Ordnung, das vorher herrschte, auch noch zerstört.

Im Aufräumprozess ist Chaos ein Anzeichen dafür, dass wir uns auf einem guten Weg in Richtung einer neuen Klarheit befinden. Das Schöne ist: Wenn erst einmal alles ausgeräumt ist und ausgebreitet vor uns liegt, können wir uns einen Überblick verschaffen und ganz in Ruhe Wichtiges von Unwichtigem, Brauchbares von Unbrauchbarem und Wertvolles von Wertlosem trennen. Anschließend befüllen wir die Schubladen, Kisten und Regale ganz neu – und zwar nach der Struktur, die wir für stimmig halten. Unordnung und Verwirrung eröffnen uns demnach eine Chance, eine völlig neue und klare Ordnung zu kreieren. Dann können wir leichter loslassen, was wir nicht mehr benötigen.

## Unnötiger physischer und psychischer Ballast

Sowohl im Innen als auch im Außen schleppen wir unendlich viele Dinge und Gedanken über die Jahre mit uns herum, obwohl wir sie für das, was uns wichtig ist, gar nicht brauchen. Doch solange in uns Unklarheit herrscht, fällt es uns schwer, irgendetwas zurückzulassen. Sobald wir uns im Klaren darüber sind, wohin wir wollen und was unsere wahre Bestimmung im Leben ist, können wir gezielter entscheiden, was in unserem Leben dazugehört und was eben nicht.

»Nichts kann existieren
ohne Ordnung.
Nichts kann entstehen
ohne Chaos.«

Albert Einstein

Dieses Phänomen lässt sich auf die Unternehmenswelt und sogar unsere Psyche übertragen: Wir folgen einem Impuls und beginnen, bewährte Dinge, alte Traditionen und liebgewonnene Gewohnheiten infrage zu stellen, auf der Suche nach einer neuen Tiefe und Klarheit. Auf dem Weg dorthin müssen wir in der Regel den Sumpf der tiefen Verwirrung und den Dschungel des undurchdringlichen Chaos durchqueren. Es wird also erst schlimmer, bevor es besser wird. Diese zunehmende Unordnung ist ein Teil des Weges. Sie gehört dazu und bietet die Chance, in dem großen Durcheinander Strukturen völlig neu zu definieren und zu entdecken und alte Fixierungen leichter aufzugeben.

Ich behaupte nicht, dass das ein einfacher Weg ist. Entscheidungen zu treffen fällt auf jeder Ebene schwer. Der Begriff trägt im Kern sein ganzes Wesen: Es ist eine »Ent-Scheidung«, also eine Trennung von dem, was nicht dazugehört – damit das, worum es wirklich geht, sichtbar werden kann. Unklarheit erschwert meiner Meinung nach die Bedingungen dafür erheblich.

## Ein Weg zu äußerer Ordnung

Großartig finde ich zum Beispiel den Ansatz von Marie Kondo, die bereits mehrere Bücher über das Aufräumen und ihre Konmari-Methode geschrieben hat und als Beraterin in völlig chaotische Haushalte gerufen wird. Die Grundidee ist simpel, aber enorm effektiv: Alles bekommt seinen Platz. Es macht wirklich Spaß, bei ihrem Wirken zu-

zuschauen, etwa auf Netflix in der Serie *Aufräumen mit Marie Kondo.*

Am Einsatzort angekommen, verschafft sich die Aufräumexpertin einen ersten Überblick. Danach folgt eine kurze spirituelle Einstimmung im Haus, die – so vermute ich – alle Beteiligten gedanklich zur Ruhe bringen und ein Bewusstsein für die anstehenden Aufgaben schaffen soll. Als Nächstes geht es ums Ausmisten nach festgelegten Kategorien in der immergleichen Reihenfolge: Kleidung, Bücher, Unterlagen, »Komono« – damit ist all der Krimskrams in der Küche, im Badezimmer, in der Garage und sonstigen Räumen gemeint – und zuletzt werden Objekte mit sentimentalem Wert noch einmal gesondert betrachtet.

Als Erstes wird die gesamte Kleidung des Haushalts auf einen Haufen geworfen – allein da kommt meist schon unglaublich viel Zeug zusammen. Die Aufgabe der Bewohner ist es dann, Stück für Stück auszusortieren, im Grunde nach Bauchgefühl. Sie sollen wiederentdecken, was ihre Seele zum Schwingen bringt oder in ihnen »Freude entfacht«, wie Marie Kondo es nennt. Das verlangt jedoch auch Klarheit darüber, was wichtig ist und was nicht. Häufig geht es bei den Entscheidungen, was bleibt und was nicht, sentimental und manchmal sogar tränenreich zu. Loslassen ist für uns eben nicht so simpel, selbst wenn es »nur« um Gegenstände geht.

Als Nächstes schafft die Expertin gemeinsam mit den Bewohnern des Hauses ein Ordnungssystem. Für Kleidung hat sie eine spezielle Falttechnik, die Platz sparen und im Schränken und Kommoden Übersicht verschaffen soll. Insgesamt gilt es, jeder Sache einen festen Ort zuzuweisen. Diese Struktur ist ein effektives und vor allen Dingen langfristiges Mittel gegen Unordnung. Die Sachen im Schuppen werden beispielsweise nicht unsortiert und durcheinander in die Regale gestopft, sondern jedes bekommt einen bewusst definierten und zugewiesenen Raum, etwa in einer Schachtel, einer Schublade oder einer Kiste. So schaffen die Bewohner freien Platz in der Wohnung, weil sie bewusst aussortieren, Freiraum im Kopf, weil sie nicht mehr grübeln müssen, wo was ist oder wohin etwas gehört, und vor allen Dingen schaffen sie Zeit für die wirklich wichtigen Dinge im Leben. Raum für Raum geht es dann weiter.

Dieses systematische und strukturierte Vorgehen ist eigentlich das ganze Geheimnis. Und es funktioniert nicht nur im Schuppen oder im Küchenschrank, sondern auch am Schreibtisch – und sogar im Kopf. Auf diese Weise wird es kinderleicht, dauerhaft Ordnung zu halten und Klarheit zu schaffen.

## Ein Gespür für den äußeren Raum

Setzen Sie sich an Ihren Arbeitsplatz und nehmen Sie bewusst wahr, inwiefern dieser äußere Raum Sie in Ihrer Klarheit positiv oder negativ beeinflusst. Vielleicht ist es mal wieder an der Zeit, auszumisten und Ordnung zu schaffen. So eine Aufräumaktion bietet sich beispielsweise zum Jahreswechsel an. Ich persönlich empfinde es als innere Befreiung, meinen Arbeitsplatz auf den aktuellen Stand zu bringen und alles Unnötige wegzuschmeißen. Das mache ich allerdings am Ende jeder Woche.

Richten Sie nach dem Ausmisten Ihren äußeren Raum so ein, dass Sie jederzeit kreativ arbeiten und durchstarten können – egal nach welcher Methode. Hauptsache, Sie finden sich gut zurecht und können den Überblick behalten. Dies betrifft die Festplatte des Laptops ebenso wie die Desktop-Oberfläche und natürlich die Ordnung auf dem Schreibtisch und im Arbeitszimmer.

Unser Ziel sollte sein, wieder ein besseres Gespür dafür zu entwickeln, in welcher Atmosphäre und Umgebung wir möglichst effektiv und kreativ arbeiten können. Ich versuche mittlerweile, mich mindestens einmal pro Woche bewusst um mein Arbeitszimmer zu kümmern. Und es ist wirklich verrückt! Es vergeht keine Woche, in der ich nicht irgendwo etwas entdecke, was dort nicht hingehört und aufgeräumt werden muss. Sei es ein Stapel Papiere, die noch nicht abgeheftet sind, oder eine leere Teetasse, die den Weg in die Spülmaschine noch nicht gefunden hat. Ich muss immer dranbleiben, sonst versinkt mein aufgeräumter Arbeitsplatz erneut im Chaos.

## Die Illusion der digitalen Allmacht

Wie soll es uns gelingen, in einer Welt der Ablenkungen unsere eigene Stimme noch zu hören? Wo soll Klarheit herkommen – wo doch so viel Unklarheit um uns ist? Wie gesagt, es gibt inzwischen eine wachsende Bewegung der sogenannten »digitalen Minimalisten«, die versuchen, ihre Mediennutzung auf ein Minimum zu reduzieren (siehe Kapitel 2). Die meisten von uns wollen aber nicht auf all die wundervollen Möglichkeiten dieser Welt verzichten oder uns von den unglaublichen Chancen, die sie bieten, abschneiden. Doch was ist mit den Schattenseiten?

Tief in unsere Zellen haben sich die Leitsätze der Digitalisierung und die Versprechen der Informationstechnologie verankert: dass das nächste Software-Update oder die nächste App all unsere Probleme lösen wird. Dass stressfreies Arbeiten mit einer stabilen und schnellen Internetverbindung steht und fällt und dass produktive Teams vor allen Dingen kooperative Software verwenden.

Schon vor über zwanzig Jahren habe ich meine ersten Workshops für effektive Arbeitsmethoden veranstaltet. Ich kann mich noch gut an die leidenschaftlichen Diskussionen erinnern, welches wohl die beste Software für To-do-Listen und Projektmanagement sei – auch wenn wir damals noch andere Bezeichnungen dafür hatten. Mein größter Einwand ist über die Zeit gleich geblieben: Die Frage nach der richtigen Technik ist irrelevant. Ich kenne Menschen, die analog, also mit Notizbuch und Stift, jeden »Digitaljunkie« in Sachen Effektivität locker abhängen können!

Nach wie vor stehe ich zu meiner Meinung, auch wenn einiges davon in einer Welt von Homeoffice und Videokonferenzen für manche wie Ketzerei klingt. Doch ich bin mir sicher: Wer weiterhin glaubt, dass ein Laptop, das Internet oder ein Projektmanagementtool allein der Schlüssel zu stressfreiem Arbeiten ist, dem ist nicht zu helfen. Wir schaden der Produktivität unserer Unternehmen enorm, indem wir weiterhin diesen Irrweg verfolgen. Oder wie es ein kluger Mensch vor vielen Jahren ganz nüchtern ausgedrückt hat: »Wenn du einen schlecht funktionierenden Prozess digitalisierst, hast du hinterher einen digitalisierten schlecht funktionierenden Prozess.« Nicht mehr und nicht weniger.

Sicherlich gibt es digitale Lösungen, die unser Leben und Arbeiten erleichtern, abhängig von der Branche, von unserem Job und unseren persönlichen Vorlieben.

## Sicheres System

Ein weiterer wichtiger und oft unterschätzter Aspekt für Klarheit im äußeren Raum ist die Überprüfung unserer »persönlichen Systeme«. Damit meine ich nicht, welche Technik Sie verwenden oder welches Betriebssystem auf Ihrem Notebook läuft. Ich meine mit diesem Begriff alle Tools, die wir verwenden, um uns an Aufgaben zu erinnern, die Art und Weise, wie wir neue Ideen und Informationen festhalten, und die Strategien, die uns helfen, auf Kurs zu bleiben. Im Businesskontext geht es also darum, wie wir unsere Projekte organisieren und sicherstellen, dass langfristige Ziele nicht verloren gehen.

Wie vieles andere auch, sind unsere persönlichen Systeme individuell verschieden. Es gibt hier kein Besser oder Schlechter – es muss einfach für Sie funktionieren. Das entscheidende Kriterium ist, ob Ihr System verlässlich ist. Ich gebe ehrlich zu, dass ich selbst diesen Aspekt über viele Jahre völlig unterschätzt habe. Wir haben uns offenbar so sehr daran gewöhnt, uns durch das Chaos des Lebens zu wursteln, dass wir kaum noch merken, wie sehr es unser Gehirn belastet. Eine unüberschaubare Zettelwirtschaft ist noch harmlos, wenn es jedoch um große und teure Projekte geht, hört der Spaß sicherlich auf. Hier ist es überlebenswichtig für ein Unternehmen, dass wir sicher sagen können, in welchem Zustand das gesamte Projekt ist.

Ein »sicheres« System funktioniert zuverlässig, kein Termin und keine Aufgabe werden übersehen, unsere Projektlisten sind immer auf dem aktuellen Stand, und wir haben zu jedem Moment eine klare Übersicht, was zu tun ist. Das alles legen wir außerhalb unseres Gehirns ab, damit es entlastet wird. Denn offene Schleifen blockieren Kapazitäten und Raum, die wir dringend für Kreativität und tiefe Denkprozesse benötigen (siehe Kapitel 2).

Wenn Sie noch kein sicheres System haben, ist es an der Zeit, eines zu etablieren.

- Überlegen Sie sich, wo Sie in Zukunft anstehende Aufgaben ablegen werden. Ob analog oder digital, bleibt Ihnen überlassen. Haben Sie alle To-dos systematisch im Griff und im Blick, oder kleben überall unsortierte Haftnotizen mit Kritzeleien, die Sie kaum entziffern können, was am Ende noch Zeit und Energie kostet, statt Ihnen die Arbeit zu erleichtern?
- Analysieren Sie Ihr derzeitiges Ablagesystem: Finden Sie schnell und zuverlässig eine Rechnung oder einen Liefer-

schein wieder? Und damit meine ich nicht, dass Sie wissen, in welchem der fünf Stapel das gesuchte Dokument sein könnte. Legen Sie lieber einen zentralen Ort dafür fest.

- Wie steht es um Ihr Projektmanagement? Wissen Sie immer genau, was sich in welchem Status befindet, wer welche Aufgaben erledigt und welche weiteren Schritte anstehen? Oder stellen Sie abends unter der Dusche mit Schrecken fest, dass bereits morgen der Abgabetermin für eine Präsentation oder ein Angebot ist?
- Wie gehen Sie mit Einfällen, neuen Gedanken und To-do-Listen um? Wie viele Eingangskörbe haben Sie? Wie viele Aufgabenlisten führen Sie – inklusive Post-its an Monitoren und Schränken oder umherliegenden Schmierzetteln?

Ich weiß aus vielen Gesprächen und aus meinen Workshops, dass viele Menschen dieses Thema unterschätzen. Das bisschen Ordnung kann doch keinen so großen Unterschied ausmachen. Doch, kann es! Und die verblüffende Wirkung habe ich ebenso oft bei Menschen erleben dürfen, nachdem sie sich konkret mit diesen Fragen auseinandergesetzt hatten und mir von den Veränderungen berichteten. Ein Bewusstsein für Störfaktoren zu schaffen ist auch hier ein enormer Fortschritt auf dem Weg zu Klarheit.

## Ablage außerhalb des Gehirns

Verwirrung bedeutet, dass wir nicht bewusst entschieden haben, welchen Platz eine Information bekommt. So wabern in unserem Gehirn zahlreiche wichtige und weniger wichtige Informationen gleichzeitig durcheinander (Stichwort: offene Schleifen): »Kiste Wasser kaufen auf dem Heimweg«, »Präsentation für das Meeting nächste Woche!«, »Lebensversicherung? Makler anrufen«, »Weihnachtsgeschenke für die Kinder besorgen« et cetera. Wir zwingen unser Gehirn zu jeder Menge Energieaufwand, was unter Umständen zulasten unserer Aufmerksamkeit geht und die eine oder andere wichtige Angelegenheit schlicht durchrutscht. Unser Gehirn kann nicht entspannen, wenn wir unterschwellig permanent in Sorge sind, wir könnten irgendetwas Wichtiges übersehen oder eine gute Idee vergessen.

Deshalb brauchen wir für ein sicheres System eine bewusste Entscheidung, wohin welche Information abgelegt werden soll. Ich habe zum Beispiel auf meinem Rechner einen digitalen Eingangskorb. Dort speichere ich alle Informationen, sobald ich einen Einfall habe. Auf diese Weise sind sie sofort raus aus meinem Kopf, können aber nicht mehr verloren gehen, das heißt, ich muss mich nicht mehr an sie erinnern und werde sie auch nicht vergessen. Zu einem späteren Zeitpunkt kann ich meine Idee weiter durchdenken, einem Projekt zuordnen oder gleich in Angriff nehmen und erledigen. Das klingt total simpel, und das ist es auch. Aber es hat mein Leben und Arbeiten wesentlich verändert – sehr zum Positiven.

Ich habe inzwischen auf meinem Smartphone auch so einen Eingangskorb definiert, für den Fall, dass ich unterwegs, beispielsweise beim Spazieren oder Wandern, einen Geistesblitz habe. So kann ich mir ein paar Notizen machen und mich danach wieder entspannt an der Natur erfreuen. Darüber hinaus muss ich mich um nichts weiter kümmern, denn – Digitalisierung und technologischem Fortschritt sei Dank – mein Smartphone synchronisiert sich automatisch mit meinem Rechner, sobald ich wieder am Arbeitsplatz bin. Im Laufe des Tages schaue ich bei Gelegenheit in den Eingangskorb und sortiere die gesammelten Ideen und Gedanken. Zwischenzeitlich hat mein Gehirn Ruhe, weil dieses System verlässlich ist.

## Frei von innerem Ballast

Die Klarheit, die wir suchen, finden wir am schnellsten, wenn es uns gelingt, unseren Kopf von unnötigem Ballast zu befreien, denn ein entspanntes Gehirn produziert eher kreative Lösungen. Deshalb kommt einem sicheren System eine so zentrale Bedeutung zu.

Doch die Umstrukturierung unserer Arbeitsweise oder anderer Gewohnheiten ist nur der erste Schritt. Entscheidend ist, dass wir diese neue Ordnung dauerhaft beibehalten können und sich über die Zeit eine neue Routine etabliert. Denn oft genug setzen wir uns hehre Ziele, es soll ab sofort alles anders werden. Wir haben unser Ablagesystem grundlegend überarbeitet, und in den ersten Tagen klappt das Sortieren auch super. Wir erleben ein Glücksgefühl und versprechen uns hoch und heilig, dass wir das jetzt für immer so beibehalten – nur um einige Wochen später frustriert festzustellen, dass unser Monitor schon wieder mit gelben Haftnotizen gepflastert ist, mit erledigten und noch offen stehenden Aufgaben. Wir sind in unser früheres Muster zurückgefallen. Aber es ist noch nicht alles verloren, mit etwas Geduld und Ausdauer können wir alteingesessene Routinen durch neue Angewohnheiten ersetzen.

## Bremse für Veränderung

Unser Gehirn ist in unserem Körper der größte Energieverbraucher. Es macht zwar nur 2 Prozent unseres Körpergewichts aus, verbraucht aber fast 20 Prozent unserer Energie.[1] Es erscheint folgerichtig, dass dieser Teil unseres Körpers im Grunde genommen ein Energiesparsystem ist. Veränderungen bedeuten einen Mehrverbrauch an Energie. Es müssen neue Verknüpfungen, also neuronale Verbindungen, gebaut werden, wenn wir uns zusätzliche Fähigkeiten antrainieren oder neues Wissen aneignen. Daher steht unser Gehirn in vielen Fällen erst einmal auf der Bremse und möchte uns dazu bringen, auf bereits bekannte Denk- und Verhaltensmuster zurückzugreifen – der Energieeffizienz zuliebe.[2] Aus Sicht der Evolution mag das in gewisser Hinsicht sinnvoll sein. Wenn es jedoch darum geht, mit neuer Klarheit einen neuen Weg zu beschreiten, steht uns diese eingebaute Trägheit im Weg.

Wir kennen es doch alle aus eigener Erfahrung, etwa wenn wir anfangen wollen, zu joggen oder eine neue Sprache zu erlernen. Vor allem in der Anfangsphase kostet es uns enorme

Kraft und Anstrengung, um wirklich diszipliniert dranzubleiben und eine Routine zu etablieren. Oft genug bleiben die Sportklamotten im Schrank, weil das Wetter schlecht ist, wir uns heute nicht so gut fühlen oder schlichtweg zu viel zu tun haben. Gleiches gilt fürs Vokabelpauken: Andere Dinge sind vermeintlich wichtiger.

Wenn wir unser Ziel, Klarheit in unser Leben zu bringen, verfolgen, werden wir diese Bremsklötze lösen müssen. Es wird kaum möglich sein, ohne Veränderungen in den teilweise veralteten Strukturen unseres bisherigen Lebens eine neue Klarheit zu erreichen. Diese verklebten Strukturen müssen sich nachhaltig wandeln. Oder wie es Albert Einstein einst klug formulierte: »Probleme kann man niemals mit derselben Denkweise lösen, durch die sie entstanden sind.«

## Eine Frage der Motivation

Es ist ernüchternd, aber die meisten Versuche einer langfristigen Veränderung schlagen fehl. Ich habe mich über die vergangenen zwanzig Jahre intensiv mit dem Thema Transformation beschäftigt. Wahrscheinlich ist es eine der Kernfragen der Menschheit. Ich wollte wissen: Was bringt Menschen dazu, sich zu verändern, und warum liegen zwischen der Erkenntnis und der Umsetzung der gewünschten Veränderung oft Welten?

Im Grunde fehlt uns die Motivation, die tiefe Erkenntnis, warum wir tun, was wir tun, und inwiefern eine Veränderung uns unserem Lebensziel näherbringt. Ich nenne das auch gerne den »Seminareffekt«: Hoch motiviert reisen wir nach einem Seminar nach Hause, den Kopf voller Ideen, was jetzt endlich anders werden soll. Doch schon am nächsten Morgen bricht der Alltag über uns herein – und eine Woche später können wir uns noch nicht einmal mehr richtig erinnern, worum es in dem Seminar eigentlich ging.

Auch die meisten Formen von Belohnungssystemen sind wenig zielführend. Wir versprechen uns selbst oder anderen Menschen beim Erreichen eines bestimmten Etappenziels eine materielle Belohnung, etwa Geld, eine Reise, eine schicke Uhr oder neue Klamotten. Das Problem dieses Ansatzes: Sobald die Belohnung »ausgezahlt« ist, verliert sie ihren Reiz. Die Belohnungen müssten demnach permanent erhöht werden, um weiterhin einen guten Grund zu liefern, sich zu verbessern oder zu verändern. Sie bleiben zu sehr an der Oberfläche, damit lässt sich kaum ein nachhaltiger Wandel herbeiführen.

Doch wie sollten wir vorgehen, um unser energiesparendes Gehirn mit seinem fast unendlichen Beharrungsvermögen zu einer Veränderung zu bewegen?

## Innerer Wandel auf drei Ebenen

In seinem ausgezeichneten Buch über effektive Routinen und Zielerreichung im Leben, *Die 1-Prozent-Methode*, stellt James Clear eindeutig klar: »Ergebnisse sind das, was man bekommt. Bei Prozessen geht es darum, was man tut. Bei der Identität geht es darum, was man glaubt.«[3] Diese drei Ebenen

»Die Basis einer gesunden Ordnung ist ein großer Papierkorb.«

Kurt Tucholsky

definieren unseren Erfolg bei der Umsetzung von Projekten, egal ob klein oder groß. Sich nur Ziele zu setzen reicht eben nicht aus. Wir brauchen auch die Schritte auf das Ziel zu und eine ungeschönte Analyse unserer Gedanken und Glaubenssätze, die tief in uns schlummern.

Wir müssen uns also im ersten Schritt mit unserer Persönlichkeit beschäftigen: Wie ticken wir? Wie motivieren wir uns am besten? Welches »Warum« bringt uns ins Handeln und weckt in uns den Wunsch nach einem tiefgreifenden Wandel? Erst wenn wir uns eingehend mit dieser Frage beschäftigt haben, ergibt es überhaupt Sinn, sich mit Veränderungen in unserem Leben und einer neuen Ausrichtung auseinanderzusetzen. Auch an diesem Punkt zeigt sich wieder einmal eindeutig: Wir können keinen Schritt überspringen im Kompass für Klarheit – die innere Arbeit steht immer am Anfang.

Eine Routine entgegen unserer Grundüberzeugung etablieren zu wollen, ist ein Scheitern mit Ansage. Diese negative Erfahrung können wir uns getrost sparen und unsere Energie lieber dafür einsetzen, für uns sinnvolle Gewohnheiten einzuführen, die uns bereichern und im Leben wirklich weiterbringen. Das gesteckte Ziel und unsere Persönlichkeit müssen also eine Einheit bilden. Es ist wie mit einem Eisberg. Die Ziele sind nur die Spitze, die aus dem Wasser herausragt, und sie macht vermutlich gerade einmal 10 Prozent des gesamten Gebildes aus, wenn überhaupt. Unsere Glaubenssätze und Persönlichkeitsstrukturen bilden den Rest – und sie entscheiden, wohin die Reise geht.

## Schritt für Schritt zu neuen Gewohnheiten

Nachdem wir uns intensiv mit unserer Persönlichkeit beschäftigt haben und unsere Zielsetzung entsprechend angepasst haben, müssen wir konkret und klar festlegen, in welchen Schritten und mit welchen Methoden wir dieses Ziel erreichen können. Am besten funktioniert das, wenn wir diese festgelegten Schritte in einer Routine in unser Leben integrieren.

Damit mein Leben nicht immer wieder in Unordnung gerät und ich den Überblick über meine Aufgaben und Projekte verliere, mache ich – inspiriert von David Allens Getting-Things-Done-Methode – einen Wochenrückblick. Ich habe mir angewöhnt, das immer am Sonntag zu erledigen, das ist für mich der ideale Zeitpunkt. Ich habe ein kleines Ritual daraus gemacht, das mir Freude bereitet. Ich koche mir einen leckeren Tee, setze mich an den Schreibtisch und bringe alles auf den aktuellen Stand. Dann schaue ich meine To-do-Listen, den Posteingang und meine Projekte durch und überprüfe, ob alles passt. Dies gibt mir jedes Mal ein tiefes Gefühl von Klarheit, und es dauert in der Regel nicht länger als eine Dreiviertelstunde. Manchmal bin ich sogar schon nach einer halben Stunde fertig. Ich habe zu diesem Zweck auch eine Checkliste für mich erarbeitet. Mithilfe dieser Angewohnheit ist es mir gelungen, in den vergangenen drei Jahren mein gesamtes System immer auf dem aktuellen Stand zu halten. Früher, ohne diese strikte wöchentliche Routine, habe ich mich oft zu spät ans Aufräumen und Entrümpeln gemacht, und das Chaos konnte wieder Einzug halten.

Im Grunde genommen sind unsere bisherigen Denk- und Verhaltensmuster nichts weiter als bestimmte Abläufe – sprich: Routinen –, die wir immer und immer wieder tun, bis sie eines Tages ein Teil unserer Identität sind. Egal, ob Sie in Zukunft mehr Sport treiben, regelmäßig meditieren, sich Auszeiten gönnen, Ihre Projekte mit großer Klarheit führen oder sich gesünder ernähren wollen – das Ziel ist für die Etablierung einer Routine zweitrangig, denn es ist sehr individuell. Entscheidend sind unsere innere Einstellung und die schrittweise Annäherung. Diese beiden Aspekte befruchten und bestärken sich gegenseitig.

Hier ein paar Grundregeln für erfolgreiche Routinen in Ihrem Leben:

- Machen Sie es sich einfach. Wenn Routinen zu kompliziert sind und/oder es zu viel Mühe macht, sie umzusetzen, werden Sie scheitern. Lieber eine kleine, einfache Routine etabliert und erfolgreich umgesetzt, als an einem riesigen Vorhaben zu scheitern. Also jeden Morgen 10 Minuten oder weniger laufen und das jeden Tag, als sich täglich 10 Kilometer vorzunehmen und schon am zweiten Vormittag keine Lust mehr darauf zu haben. Oder Sie beschließen, ab sofort jeden Nachmittag 10 Minuten konsequent an der Frage zu arbeiten, wie Sie neue Kunden gewinnen können oder Ihr Marketing optimieren. Es wird mit der Zeit zu einer Angewohnheit, sich jeden Tag um diese Frage zu kümmern.
- Machen Sie es offensichtlich. Organisieren Sie Ihr Leben so, dass Sie der Routine schwer entrinnen können. Stellen

Sie beispielsweise die Laufschuhe direkt vors Bett, wenn Sie sich vorgenommen haben, morgens als Erstes eine Runde zu joggen. Blocken Sie für Ihre »Denkarbeit« für die gesamte Arbeitswoche Zeit im Kalender und lassen Sie sich daran erinnern. So haben Sie einen festen Termin mit sich selbst, den Sie zumindest nicht aus Versehen anderweitig vergeben können.

- Machen Sie es anziehend. Bauen Sie Ihre Routine so auf, dass sie eine gewisse Attraktion und Anziehungskraft hat. Nichts ist schlimmer als eine Routine, die Sie am Ende nur frustriert und nicht zufriedenstellt. Nach dem Joggen könnten Sie jeden Tag ein leckeres Müsli zu sich nehmen mit einer besonderen Lieblingszutat, nach der Denkarbeit verwöhnen Sie sich mit einer kurzen Pause mit einer Tasse Tee oder einem Espresso. Zu diesem Zweck darf es eine besonders leckere Teesorte oder eine ganz spezielle Kaffeeröstung sein. Wenn Sie Ihr Vorhaben einen ganzen Monat ohne Unterbrechung durchgehalten haben, gönnen Sie sich etwas Schönes nur für sich selbst – etwa einen Wellnesstag mit Massage als kleine Belohnung.

So sollte es ganz gut gelingen, Ihrem Leben eine neue Ruhe und Klarheit zu schenken.


## Morgenroutine

In den vergangenen Jahren hat es einen regelrechten Boom bei sogenannten Morgenroutinen gegeben. Mehrere Bestseller befassen sich detailliert damit, wie sinnvoll es ist, den Tag mit regelmäßigen Routinen einzuläuten. Mein persönlicher Favorit ist *Morning Miracle* von Hal Elrod. Im Internet finden sich unzählige Checklisten und Ablaufpläne für eine ideale Morgenroutine – übrigens auch auf *www.wolkenteiler.de.* Aus diesem Grund habe ich meinen Wochenrückblick am Sonntagmorgen direkt nach dem Aufstehen etabliert. Ansonsten kommen der Tag und das Leben dazwischen – Sie kennen das sicherlich auch.

Ich für meinen Teil kann es nur empfehlen, eine gezielte Morgenroutine aufzubauen, obwohl ich mich eher als »Abendmensch« bezeichnen würde. Zugegeben, anfangs war es schon eine Herausforderung, aber mittlerweile ist der Wochenrückblick ein fester Bestandteil meines Sonntags, und ich möchte ihn nicht mehr missen, weil er mir Klarheit auf mehreren Ebenen verschafft.

Nutzen Sie die Ruhe zu Beginn des Tages, wenn Sie mögen. Geben Sie der Morgenroutine eine Chance, stehen Sie zugunsten Ihrer Lebensziele eine halbe Stunde früher auf und machen Sie exakt das, was Sie sich als nächsten Schritt vorgenommen haben.

## TEILE DIE WOLKEN …
### Kernideen für klarere Sicht

- Um den nötigen Freiraum für unsere Kreativität zu schaffen, brauchen wir auch eine verlässliche Ordnung im Außen.

- Beim Aufräumen und Ausmisten muss das Chaos erst größer werden, damit wir die Chance haben, eine völlig neue und klare Ordnung zu kreieren. Das gehört zum Prozess.

- Ein sicheres System bedeutet, dass unser Kopf entspannen kann. Sicher ist ein System dann, wenn wir ihm voll und ganz vertrauen können.

- Eine Zielsetzung allein führt nicht automatisch zum Erfolg oder zum Wandel. Wir müssen uns sowohl mit unserer Persönlichkeit als auch mit den notwendigen Prozessen dazu auseinandersetzen.

- Routinen entspannen unser Leben, doch unsere schlechten Angewohnheiten können uns ausbremsen. Wir brauchen hilfreiche Gewohnheiten, die unseren Weg zur Klarheit unterstützen.

## ... UND FINDE DEN WEG
### Mit fünf konkreten Maßnahmen
### für mehr Ordnung sorgen

1. Führen Sie ein sicheres Ordnungssystem ein, das Ihren Vorlieben entspricht. Probieren Sie ruhig verschiedene Methoden aus, bis Sie das passende System finden.

2. Halten Sie ab sofort Aufgaben und Ideen außerhalb Ihres Kopfs schriftlich fest, um Ihren Geist zu entlasten, falls Sie das noch nicht regelmäßig tun. Testen Sie, ob Sie mit einer analogen oder digitalen Methode besser zurechtkommen.

3. Stellen Sie Ihre digitalen und analogen Ablagesysteme auf den Prüfstand: Was funktioniert? Was ist wirklich hilfreich? Was verschlimmert das Chaos sogar noch? Welche digitalen Tools könnten für Ihre Branche, Ihr Unternehmen, Ihre Abteilung oder Ihr Team sinnvoll sein? Lassen Sie dabei Ihre Mitarbeiter ebenfalls zu Wort kommen und Vorschläge machen.

4. Nehmen Sie Ihre liebgewonnenen Angewohnheiten und Traditionen im Arbeitsalltag oder im Unternehmen unter die Lupe: Was davon ist nützlich, was eher hinderlich auf Ihrem Weg zur Klarheit?

5. Wo lohnt sich eine Transformation, vielleicht sogar unternehmensweit?

Auf *www.wolkenteiler.de* finden Sie weitere Ergänzungen, Checklisten, kurze Videos und vieles mehr zu diesem Wolkenteiler und rund um das Thema Klarheit.

# 4
## ENTSCHEIDUNGSFREUDE
## ORIENTIERUNG AN DEN WEGGABELUNGEN DES LEBENS

»In den Momenten, in denen du Entscheidungen triffst, wird deine Zukunft geformt.«

Tony Robbins

Wir brauchen Klarheit bei alltäglichen, aber auch lebensverändernden Entscheidungen, um zu wissen, was angesichts unserer Einstellungen und Werte unser nächster Schritt hin zu unserem festgelegten Ziel sein wird. Ich habe schon oft die Erfahrung gemacht, dass viele Vorhaben scheitern, weil die präzise Ausformulierung des Ziels von Vornherein fehlte. Deswegen nimmt dieser Wolkenteiler unsere Entscheidungsfreude in den Blick. Wenn wir in Zukunft stressfreier, leichter und effektiver arbeiten wollen, müssen wir uns mit unserer Unklarheit und Verwirrung auseinandersetzen, um zu zielführenden Entscheidungen zu kommen.

Fast täglich geraten wir in verwirrende und kaum zu durchschauende Situationen, müssen wichtige und vermeintlich weniger wichtige Entscheidungen fällen und damit eine Richtung für uns selbst oder andere vorgeben. Und oft genug stehen wir an so einer Weggabelung des Lebens und wissen nicht, welche Abzweigung wir wählen sollen. Wir sind unsicher, wir zweifeln, wir wollen uns am liebsten gar nicht festlegen. Nicht jetzt, nicht hier, nicht sofort. Die Chance, aus nahezu unendlichen Möglichkeiten wählen zu können, belastet uns oft so sehr, dass wir lieber gar keinen neuen Weg einschlagen, weil er sich als falsch herausstellen könnte. Wie erstarrt stehen wir da und wüssten nur zu gern, wohin unsere Reise gehen soll.

Die zentralen Fragestellungen bei diesem Wolkenteiler lauten:

- Wie können wir uns bei all der Ungewissheit leichter zu mutigen Entscheidungen durchringen?

- Wie kommen wir angesichts der unzähligen Auswahlmöglichkeiten zu einer klaren Entscheidung?
- Wie durchbrechen wir die Erstarrung und kommen eigenverantwortlich ins Handeln?
- Was reduziert die schier unüberschaubaren Aufgabenlast auf ein handhabbares Maß?
- Wie können wir Verantwortung für unser Schicksal und unsere Zukunft übernehmen?

## Unendliche Möglichkeiten

In den vergangenen Jahren durfte ich zahlreiche Vorträge halten und wurde zu vielen Workshops als Redner eingeladen. Meist saßen erfolgreiche Unternehmer und Führungskräfte im Publikum. Menschen, die – von außen betrachtet – schon viel erreicht hatten und alles erreichen könnten, was sie nur wollen. Und doch spürte ich in der Fragerunde nach den Vorträgen eine tiefe Verunsicherung. Dieses Gefühl der zunehmenden Verwirrung in einer Welt, in der klare Grenzen immer seltener zu sehen und eindeutige Antworten immer schwerer zu finden sind. Dabei ging es uns niemals auf diesem Planeten so gut wie jetzt. Die Chancen, die sich uns bieten, sind verglichen mit denen vorheriger Generationen, schier unendlich. Warum fällt es uns nur so schwer, dieses Glück in uns zu spüren?

Immer wenn ich mir diese Frage stelle, denke ich unweigerlich an meinen Großvater: Karl Thomas, geboren 1911, politisch in der sozialistischen Arbeiterjugend aktiv, während der Zeit der nationalsozialistischen Unterdrückung gegängelt und sogar ins Gefängnis gesteckt, um dann nach überstandener Gefangenschaft unser Unternehmen wieder neu aufzubauen. Seine Lebensgeschichte war voller Rückschläge und Niederlagen, und oft hätten wir meinen Großvater voller Verständnis zugestanden, aufzugeben und nicht mehr weiterzugehen. Doch das tat er niemals. Ich bin mir deshalb sicher, dass mein Großvater die heutige Welt als Paradies wahrgenommen hätte.

Auch in Zukunft werden unsere Optionen nicht weniger werden. Nach meiner Einschätzung stehen wir erst am Anfang der Digitalisierung, und Themen wie künstliche Intelligenz werden unser Leben noch einmal neu durcheinanderwirbeln. Branchen werden ins Wanken geraten und sicher geglaubte Strukturen infrage gestellt werden. Erschwerend hinzu kommt der Lärm unserer Welt. Unsere Welt ist laut geworden, fast aufdringlich. Das Internet und die sozialen Medien dringen tief in unseren Alltag ein. Instagram, Facebook, Twitter und WhatsApp – allgegenwärtig ist die Ablenkung. Wir können uns nur schwer dem Getöse der permanenten Erreichbarkeit durch Benachrichtigungen und Chat-Diskussionen entziehen. Kaum fangen wir an, über ein paar grundlegende Fragen des Lebens nachzudenken, summt und vibriert es in irgendeiner Ecke unseres Büros oder unserer Wohnung und ein Gerät fordert unsere Aufmerksamkeit. Und so erleben wir jeden Tag, wie unser Leben Stück für Stück vom Außen bestimmt wird.

Doch wie kommen wir denn nun zu den bestmöglichen Entscheidungen im Leben? Zugegeben, das ist eine unserer

>>Entscheidungen zu treffen
erfordert Energie,
aber nicht zu entscheiden,
ob man sich entscheidet,
erfordert noch mehr Energie.<<

David Allen

größten Herausforderungen, da wir uns fürchten. Wie schon gesagt: Angst ist eine Fantasie über die Zukunft. Auch in meiner Welt bei Lattoflex gibt es diese Fantasien und die damit verbundenen Fragen seit vielen Jahren: Was passiert mit unseren Fachgeschäften in den Städten? Wird es sie weiterhin geben, vor allem jetzt, nach all den Lockdowns? Was passiert mit unseren Unternehmen, wenn die Digitalisierung, befeuert durch die Corona-Krise, unsere gewohnten Verkaufsstrukturen noch stärker durcheinanderwirbelt?

Angesichts solch schwerwiegender und schier unbeantwortbarer Fragen verfallen wir unter Umständen in eine Erstarrung. Wir wissen eigentlich, dass es jetzt an der Zeit wäre, die Weichen zu stellen. Die Zukunft ist schließlich das Ergebnis unserer heutigen Ausrichtung und Beschlüsse. Dennoch fällt es uns oft schwer, in dem Durcheinander, der Angst und der Verwirrung eine klare und kraftvolle Entscheidung zu fällen. Das ist im Privaten nicht anders als in der Welt der Unternehmen.

## Das Griechische-Speisekarten-Syndrom

Oft beobachte ich, dass allein die schiere Anzahl an Möglichkeiten uns ins psychologische Unglück stürzt. Ich nenne es gerne das »Griechische-Speisekarten-Syndrom«. Damit meine ich recht simpel: Je größer die Auswahl, desto länger der Entscheidungsprozess und desto unsicherer sind wir unserer Wahl.

Stellen Sie sich vor, Sie sitzen in einem Seminar. Im Laufe des Vormittags wird ein Zettel herumgereicht, auf dem Sie ankreuzen sollen, welches Mittagessen Sie gerne hätten. Es gibt drei Optionen: Fleisch, Fisch oder vegan. Der Zettel kreist schnell von Platz zu Platz, und als er bei Ihnen ankommt, kostet es Sie nur wenige Sekunden, um eine klare Entscheidung zu treffen. Das war leicht, oder? Abends geht es dann in ein griechisches Restaurant mit einer traditionell recht umfangreichen Speisekarte. Hier dauert der Entscheidungsprozess bei allen Teilnehmern erheblich länger, und auch Sie sind hin und her gerissen. So viel Auswahl, so viele Möglichkeiten! Bei der Vielzahl von Optionen ist die Entscheidung fast schmerzlich, weil Sie sich nicht nur für ein einziges Gericht entscheiden müssen, sondern vor allem gegen all die anderen Leckereien.

Das ist für mich eine passende Metapher für unsere heutige schnelllebige und noch dazu multioptionale Welt, in der wir mehr und mehr den Fokus verlieren. Ist unser Job der richtige? Ist unsere Beziehung das, was wir immer wollten? Leben wir das richtige Leben? Wohnen wir am richtigen Ort? Und wenn wir in die Zukunft schauen – wohin richten wir uns aus? Fragen über Fragen mit unzähligen Antworten, doch welche davon ist die richtige?

## Das Joghurt-Dilemma

Aus dem Alltag wissen wir, dass Verwirrung kein guter Zustand ist und daraus keine guten Entscheidungen entstehen. Nehmen wir ein simples Beispiel aus unserem Konsumverhalten. Stellen Sie sich vor, Sie stehen vor dem Supermarktregal und wollen sich einen Joghurt kaufen. Nehmen wir an, Sie hätten keinen Favoriten oder noch besser: Sie haben noch niemals einen Joghurt probiert, haben aber gehört, dass er total lecker sein soll. Da stehen Sie nun und betrachten die Labels: fettreduziert, mit weniger Zucker, laktosefrei, probiotisch, griechischer Joghurt, Sahnejoghurt – noch dazu in unzähligen Geschmacksrichtungen von fruchtig bis süß, und viele haben auch noch eine Knuspereinlage, etwa Müsli, Waffelstückchen, Nüsse et cetera. Unschlüssig greifen Sie ins Regal, schauen sich ein Produkt an, stellen es wieder zurück, nehmen ein anderes heraus. So geht das eine ganze Weile weiter. Ihr Gehirn ist total überfordert, und Sie können sich beim besten Willen nicht zu einer Entscheidung durchringen. Bevor Sie die falsche Wahl treffen, gehen Sie lieber ohne Joghurt nach Hause. Stattdessen kaufen Sie etwas, das Sie schon kennen. Keine Experimente!

Bei mir passiert das übrigens oft, wenn ich »einfach nur« Waschmittel kaufen will. Die wahre Flut der Angebote treibt mich schier in den Wahnsinn. Ohne einen klaren Entscheidungsrahmen, wie beispielsweise eine Lieblingsmarke, wird der Entscheidungsprozess endlos hinausgezögert, die Verunsicherung steigt, und wir suchen irgendeinen Anhaltspunkt für eine klare Entscheidung. Doch den gibt es manchmal eben nicht.

Wir möchten für uns die bestmögliche Entscheidung fällen. Da in uns jedoch tiefe Verwirrung herrscht, fühlt sich jede Wahl wie ein Glücksspiel an. Der amerikanische Psychologe Barry Schwartz spricht in seinem sehenswerten TED-Talk darüber, warum uns die unzähligen Wahlmöglichkeiten in nahezu jedem Lebensbereich weder freier noch zufriedener machen.[1] Wenn wir raten, kann aber wohl beim besten Willen nicht das bestmögliche Ergebnis herauskommen. Es ist wie ein Sechser im Lotto – möglich, aber wie stehen die Chancen wirklich? Zugegeben, Joghurt scheint nun nicht die allerwichtigste Entscheidung im Leben zu sein. Doch allein die Tatsache, dass uns selbst alltägliche Wahlmöglichkeiten offenbar komplett überfordern können, sehe ich als Anhaltspunkt dafür, wie viel schwerer uns die wirklich lebensverändernden Entscheidungen an den Weggabelungen des Lebens fallen. Vor allem wenn sie uns Angst machen oder tief verunsichern wie so vieles in der heutigen Welt.

In der Wissenschaft nennt sich das Ganze Auswahlparadox und wurde in Zusammenhang mit solchen alltäglichen Entscheidungsschwierigkeiten untersucht. Mal mit Marmelade, mal mit Schokolade, aber auch mit Geschenkschachteln. Die Ergebnisse: Bei zu großer Auswahl sind wir überfordert, unser Hirn streikt, es kommt zu einer Behinderung in der Entscheidungsfindung oder sogar zur Entscheidungsblockade.[2]

## Die Illusion der Wahl

Ich begegne dem Auswahlparadox immer wieder im Unternehmensalltag, aber auch in meinen Coachings im Bereich Verkaufsstrategien und Marketing. Vor einigen Jahren meldete sich ein Unternehmer bei mir, der davon überzeugt war, hinsichtlich seines neuen Produkts alles richtig gemacht zu haben. Doch es war ein Ladenhüter. Aus Kundenumfragen wüsste er, dass die Zielgruppe sich ein individualisiertes Produkt, maßgeschneidert und mit möglichst vielen Optionen wünschte. Genau das habe er doch umgesetzt auf seiner Internetseite, klagte er mir sein Leid. Und ja, es gab dort tatsächlich eine Vielzahl von Auswahlmöglichkeiten, die zu einem ganz individuellen Produkt führten.

Ich nenne das gerne die »Illusion der Wahl«. Theoretisch lieben Kunden das Gefühl, die für sie perfekte Lösung zu finden. Das maßgeschneiderte Produkt, das exakt ihr Problem löst. Doch wenn sie dann *wirklich* die freie Auswahl haben, schrecken sie instinktiv davor zurück und kaufen oft erst einmal nicht – aus Angst, sich falsch zu entscheiden. Diesen menschlichen Trugschluss versuchte ich dem verzweifelten Unternehmer klarzumachen. Das *Gefühl*, sie könnten aus unendlichen Möglichkeiten auswählen, ist für viele Kunden extrem wichtig. Doch für die konkrete Kaufentscheidung brauchen sie dennoch eine klare Vorgabe durch eingeschränkte Möglichkeiten.

Der Unternehmer strukturierte daraufhin sein Angebot auf der Internetseite um und bot seinen Kunden drei gut unterscheidbare Pakete an, die Anhaltspunkte für eine klare Entscheidung boten. Ab diesem Zeitpunkt liefen die Geschäfte merklich besser. Die Kunden hatten die Illusion der Wahl unter drei Paketen. Das reichte offenbar aus, um den Wunsch nach einer Auswahl zu befriedigen und gleichzeitig die Kaufentscheidung zu erleichtern.

Das lässt sich in vielen Situationen beobachten. Es sieht auf den ersten Blick verlockend und geradezu paradiesisch aus, wenn es so viele tolle Möglichkeiten zur Auswahl gibt.

»Wer sich entschieden hat,
etwas zu tun,
und an nichts anderes denkt,
überwindet
alle Hindernisse.«

Casanova

Doch dabei steigt eben die Gefahr, dass wir erstarren. Und Hand aufs Herz: So manches Mal sehnen wir uns doch danach zurück, weniger Auswahl zu haben, um schneller entscheiden zu können. Da stimme ich Barry Schwartz aus ganzem Herzen zu, der in seinem TED-Talk von einem Jeanskauf berichtet und angesichts der schier unendlichen Auswahl an Modellen und der Frage des Verkäufers, welche Art von Jeans er denn wolle, ehrlich gesteht: »Ich hätte gerne die Art, die früher die einzige Art war.«[3] Denn es ist genau das, was ich oft in meiner Arbeit mit Menschen in Entscheidungsprozessen erlebe. Sie sagen mir: »Ich würde es ja sofort tun – wenn ich nur wüsste, was von den vielen Möglichkeiten das Richtige für mich ist!«

## Lockere Entscheidungsfindung

Immer wenn ich in den vergangenen Jahren mit Menschen gearbeitet habe mit dem Ziel, eine neue Klarheit über ihr Projekt und ihr Leben zu erreichen, war das Schwierigste immer die Suche nach der »richtigen« Entscheidung. Meine Erkenntnis ist: Viele gehen das Thema viel zu verkrampft an. Doch Entspannung, man könnte auch sagen: Leichtigkeit, ist eine Grundlage für agile und kraftvoll arbeitende Organisationen. Warum das so sein muss, können Sie im Kleinen am eigenen Leib ausprobieren. In unserem Körper arbeiten viele Muskelstränge zusammen, um Bewegung zu ermöglichen. Das geht aber nur im Zusammenspiel aus Anspannung und

Entspannung. Spannen Sie für dieses kleine Experiment jetzt alle Muskeln in Ihrem Körper an. Und dann versuchen Sie mal, etwas anzuheben, ganz egal was. Ich wage zu behaupten: Das wird Ihnen nicht gelingen, denn so verkrampft, wie Sie gerade sitzen oder stehen, werden Sie sich kaum bewegen können.

Entspannung entsteht wie so vieles aus Klarheit. Sobald Sie Ihren Platz kennen, Ihre Aufgaben und Ziele, können Sie entspannt arbeiten und wissen, was zu tun ist.

## Nichtstun als Option?

Oftmals stehen wir in unserem Leben an einen Punkt, an einer Weggabelung, und sind dann total verkrampft, regelrecht eingefroren. Wir reden uns ein: »Darüber muss ich noch mal eine Nacht schlafen!« Und aus einer Nacht werden oft Wochen oder gar Monate. Wir drücken uns um eine klare Entscheidung. Wenn wir diese Erstarrung – diese Unfähigkeit, klar zu sagen, was wir wollen und wohin wir gehen – genauer betrachten und in der Tiefe ergründen, finden wir dort unten oftmals Ängste, Selbstzweifel und Verunsicherung, die sich in einer Frage zusammenfassen lassen: Was ist, wenn wir die falsche Entscheidung treffen und sie hinterher bereuen? Wir wollen einfach keine Fehler machen.

Natürlich kenne ich solche Sorgen aus meinem persönlichen Leben, angefangen bei kleinen Projekten und Entscheidungen, etwa zu einer neuen Werbeanzeige, bis zu großen Beschlüssen, etwa den Bau einer neuen Produktionshalle, den Umzug in ein neues Haus oder das Beenden einer lang-jähriger Beziehung. Ich kenne dieses ungute Gefühl in der Magengegend und blicke manchmal auch voller Sorge auf bevorstehende Entscheidungen. Der einzige Ausweg ist hier die Verinnerlichung einer unumstößlichen Tatsache: Keine Entscheidung zu fällen ist auch eine Entscheidung. Nur dass wir in der Konsequenz äußeren Umständen das Heft in die Hand geben, statt uns eigenhändig um unser Schicksal und damit um unsere Zukunft zu kümmern.

Ich habe es oft in Unternehmen und Teams erlebt, dass Entscheidungen über Monate verschleppt wurden, nur um ir-gendwann festzustellen, dass das auch eine Entscheidung war, allerdings eine überaus passive. Wenn wir uns weigern, klar zu entscheiden, bleibt alles beim Alten, und wir stecken fest. Doch im Stillstand lauert Gefahr, wir büßen unter Umständen Wettbewerbsvorteile ein oder werden sogar abgehängt. Wären Sie bereit, das zu riskieren? Natürlich kann sich theoretisch jede Entscheidung als Fehler entpuppen und am Ende eine Menge Geld, Zeit, Nerven oder Lebensfreude kosten. Alles hat seinen Preis – besonders kostspielig und risikobehaftet ist aber im Businesskontext meiner Meinung nach das Nichtstun.

## Unnötige Kategorien

Wir sind es gewohnt, in Kategorien zu denken: gut oder schlecht, richtig oder falsch, sinnvoll oder sinnlos et cetera. Was mir besonders geholfen hat, aus dieser Falle der Erstar-rung herauszukommen, war die Erkenntnis, dass es so etwas wie eine »falsche« Entscheidung gar nicht gibt. Das klingt vielleicht im ersten Moment merkwürdig oder zumindest gewöhnungsbedürftig, aber Sie werden gleich sehen, wie ich zu dieser Ansicht gekommen bin.

Wir treffen eine Entscheidung, und nach einer bestimmten Zeit blicken wir zurück und bewerten: »Das war eine gute Entscheidung!« oder »Was für ein Mist das war! Hätte ich bloß eine andere Wahl getroffen!« Das mag für diesen einen Moment schlüssig sein. Aber was ist eigentlich der Maßstab für »richtig« oder »falsch«, wenn es um Entscheidungen geht? Zu welchem Zeitpunkt sollen wir diese Evaluation vornehmen? Womöglich glauben wir bei einer kurzfristigen Betrachtung, eine Entscheidung sei misslungen, aber einige Monate oder gar Jahre später stellt sie sich als absoluter Glücksgriff heraus. Wer weiß? Und anhand welcher Kriterien nehmen wir diese Bewertung am besten vor? Geht es darum, wie viel Umsatz wir zu einem bestimmten Zeitpunkt gemacht haben? Oder wie erfolgreich sich das Projekt entwickelt hat? Aber was ist »erfolgreich« überhaupt? Ich finde, es stellen sich mehr Fragen, als wir Antworten finden können.

Das würde doch nur funktionieren, wenn es mehrere Paralleluniversen gäbe und wir in jedem eine andere Entscheidung treffen könnten. Dann könnten wir das Ganze eine Weile beobachten und genau vergleichen, welche Entscheidung welche Effekte hat und somit welche von ihnen objektiv die »Beste« war. Da wir das aber nun mal nicht können, halte ich eine solche Kategorisierung für Zeitverschwendung.

Vor ein paar Jahren beschlossen wir bei Lattoflex, unsere Matratzen aufzurollen und im Karton per Post zu versenden, anstatt sie klassisch über eine Spedition auf Lkws zu den Händlern zu transportieren. Das wäre insgesamt kostengünstiger, erheblich schneller und noch dazu ökologischer. Doch gleich nach dem Start ging alles schief, was nur schiefgehen konnte. Die Verpackung erwies sich nicht als stabil genug, und unsere Matratzen kamen daher bei den Kunden teilweise verschmutzt und beschädigt an. Die Logistik funktionierte zudem nicht optimal, und es gab erhebliche Verzögerungen bei der Lieferung.

Bereits nach wenigen Wochen sahen wir uns mit der Entscheidung konfrontiert, das gesamte Projekt abzubrechen. Das war doch eine Schnapsidee gewesen und hatte nur Kosten und Unzufriedenheit verursacht. Eine klare Fehlentscheidung. Da es jedoch ein paar Kunden gab, die allen Schwierigkeiten zum Trotz diese Idee großartig fanden, belieferten wir sie auf Wunsch weiterhin auf diese neue Art und Weise. Bei den anderen kehrten wir zum bisherigen Lieferweg zurück. In den nächsten zwei Jahren entwickelte sich das neue Versandprojekt nach und nach immer besser. Wir merzten die anfänglichen Schwierigkeiten aus, und immer mehr Kunden sahen die Vorteile der neuen Lieferung. Heute verlassen fast täglich gerollte Matratzen, in handliche Kartons verpackt, unser Werk. Aus heutiger Sicht ist die Entscheidung daher ein voller Erfolg. Wer hätte das gedacht?

Das ist der springende Punkt: Kategorisierungen funktionieren einfach nicht. Ich bin der festen Überzeugung, dass diese Art von Denken unserer Leichtigkeit bei der Entscheidungsfindung oft im Weg steht. Wir müssen es darauf ankommen lassen.

## Aktive und passive Entscheidungen

An der Vergangenheit können wir nichts mehr ändern, denn sie ist unwiederbringlich vorbei. Unser jetziges Leben ist das Ergebnis all der Entscheidungen, die wir in den vergangenen Jahren und Jahrzehnten gefällt haben – und ebenso jener, die wir *nicht* gefällt haben. Doch die Zukunft ist noch offen, und wir können uns hier und heute anders entscheiden. Oder wie bei einem Workshop ein Teilnehmer weise zusammengefasst hat: »Die Zukunft muss nicht so aussehen wie deine Vergangenheit, es sei denn, du hältst weiterhin an der Vergangenheit fest und fällst dieselben Entscheidungen.«

Natürlich müssen wir immer für unsere aktiven, also bewussten Entscheidungen geradestehen, sie liegen in unserer Verantwortung, doch auch mit den Konsequenzen passiver Entscheidungen müssen wir leben. Was ist besser? In meinen Augen haben wir größere Chancen auf Erfolg und das Erreichen unserer Lebensziele, wenn wir uns nicht mehr davor drücken, Entschlüsse zu fassen, sondern unserem Leben durch unsere Beschlüsse eine eindeutige Richtung geben.

Am Anfang unserer Reise steht immer eine Entscheidung. In diesem Fall ist es die Entscheidung, unser Leben in einer neuen und tiefen Wahrhaftigkeit zu leben, konkret zu werden und unsere wahre Kraft zu entfalten, unser Potenzial zu nutzen und hinaus in diese Welt zu tragen. Das erfordert zweifelsohne Mut, doch wenn wir das Leben auf eine neue Art und Weise erleben und die Menschen in unseren Unternehmen und in unserer Umgebung inspirieren wollen, werden wir nicht umhinkommen, das Bekenntnis zu mehr Klarheit und Tiefe abzulegen.

## Eigenverantwortlich und selbstbestimmt

Vor einiger Zeit führte ich ein Gespräch mit einer Mutter, deren Sohn keine Lust mehr hatte, das Abitur zu machen. Er wollte die Schule verlassen und lieber ein Jahr durch Asien reisen. Sie war sehr verzweifelt und sah in dieser Entscheidung ihres Kindes einen klaren Fehler. Ich versuchte ihr eine andere Sichtweise näherzubringen: »Laut einer Statistik sind viele Selfmade-Millionäre in den USA Schulabbrecher.« Wer weiß, ob ihr Sohn nicht auch einmal zu einem Millionär wird – gerade weil er die Schule abgebrochen hat und seinen eigenen Weg gegangen ist. Womöglich gründet er schon bald ein Start-up und startet damit raketengleich durch. Am Ende ist der Sohn auf der Schule geblieben. Jedoch hat es die Mutter nachdenklich gemacht, einmal über ihr Konzept von »gut« und »schlecht« nachzudenken.

Auch in diesem Fall ist es unmöglich vorherzusagen, was die »richtige« Entscheidung für diesen jungen Mann gewesen wäre. Mal ganz davon abgesehen, dass er fast erwachsen ist und seine Entscheidungen unabhängig von Eltern oder anderen Bezugspersonen treffen sollte, die seinem Lebensentwurf entsprechen. Eigenverantwortlichkeit statt Fremdbestimmung lautet die Devise. Doch um danach zu handeln, brauchen wir Klarheit.

## Orientierung im Entscheidungsprozess

Oft suchen wir im Businesskontext in kniffligen Situationen oder vor schwerwiegenden Entscheidungen Rat bei einem guten Freund oder Kollegen, einem Coach oder einer Unternehmensberatung. Das ist auch absolut in Ordnung und hilfreich für unseren Entscheidungsprozess – als Orientierung. Es kann nicht schaden, eine Fragestellung von verschiedenen Standpunkten aus zu beleuchten. Vielleicht sehen andere Menschen Aspekte, die uns aufgrund unserer selektiven Wahrnehmung oder unserer Weltanschauung verborgen bleiben. Darüber zu diskutieren ist sinnvoll! Doch letzten Endes liegt es an uns allein, die endgültige Entscheidung zu treffen. Wir sind diejenigen, die dafür die Verantwortung tragen müssen – völlig unabhängig davon, wie andere diese Entscheidung bewerten oder ob sie unseren Weg für »gut« oder »schlecht« halten.

Sobald wir unsere Entscheidungen von anderen zu sehr abhängig machen, leidet unsere innere Klarheit, und wir büßen nach und nach unsere Selbstbestimmung ein. Wie oft holen sich Firmen Unternehmensberater ins Haus und bekommen dann Maßnahmen übergestülpt, die zwar irgendwie im Trend liegen, aber überhaupt nicht zum Wesen des Unternehmens passen. Das klappt vielleicht eine Weile, doch die meisten dieser Transformationsvorhaben scheitern auf lange Sicht.

Es ist, wie es ist: Wir können keine Antworten von außen dahingehend bekommen, wohin unser Leben steuern soll. Das müssen wir schon selbst für uns herausfinden und uns bei unseren Entscheidungen immer ins Gedächtnis rufen.

## Das Problem mit den Prioritäten

Viele Menschen verwenden Zeitmanagementsysteme, um Ordnung in ihr Leben zu bringen oder aufrechtzuerhalten. Die meisten dieser Systeme arbeiten mit Prioritäten. Wir versuchen, den Aufgaben und Projekten in unserem Leben eine Wichtigkeit zuzuordnen, mal mit Ziffern, mal mit Buchstaben. So bekommen sämtliche Dinge ein Label, das eine Art Ordnung repräsentieren soll. Meiner Erfahrung nach scheitert die Mehrheit dieser Systeme, denn das Leben ist dafür zu komplex und unvorhersehbar. Es ist wie ein wilder, unberechenbarer Tanz. Kaum haben wir einer Aufgabe oder einem Projekt eine Priorität zugeordnet, haben sich die Voraussetzungen bereits wieder verändert, und wir spielen ein ganz anderes Spiel.

Stellen Sie sich vor, Sie haben – Ihrem Zeitmanagementsystem strikt folgend – den Aufgaben des Tages akribisch bestimmte Prioritäten zugeteilt. Sie sitzen am Schreibtisch und wollen sich um die Projektplanung kümmern – die höchste Prioritätsstufe. Dann bekommen Sie einen Anruf: Ihr Kind hat sich beim Spielen verletzt. Augenblicklich ist die ganze Zeitplanung für den Rest des Arbeitstags hinfällig, denn es ist ja wohl klar, was nun oberste Priorität hat.

Also, warum sollten wir uns mit Prioritätenlisten unnötig aufhalten? Priorisierungen und endlose Listen sind keine Lösung, sie bringen uns auf dem Weg zur Klarheit kaum weiter. Im Gegenteil: Sie gaukeln uns Kontrolle vor, obwohl wir nie wissen können, was in unserem Leben als Nächstes passiert. Wir müssen von dem Irrglauben wegkommen, wir müssten nur alles, was uns einfällt, auf eine Liste schreiben, diese nach Prioritäten ordnen und dann läuft alles. Sie scheitern an der Unberechenbarkeit des Lebens. Wenn wir den Weg zur Klarheit beschreiten wollen, brauchen wir einfache und vor allen Dingen funktionierende Systeme in unserem Leben. Statt also permanent zu versuchen, das Leben in Prioritäten zu pressen, was zwangsläufig scheitern muss, scheint es sinnvoller, sich ad hoc darüber klarzuwerden und zu entscheiden, was als Nächstes zu tun ist.

## Der Aufgabentrichter

Vor kurzem bin ich auf den TED-Talk des Vortragsredners und Autors Rory Vaden von 2015 gestoßen, den seither bereits über vier Millionen Menschen aufgerufen haben. Er spricht darüber, dass wir niemals die Zeit managen können, sondern nur uns selbst. Seine Überlegungen drehen sich darum, was *nicht* zu tun ist. Das Problem bei Prioritäten ist nämlich seiner Ansicht nach, dass wir damit nicht weniger zu tun haben – es ändert sich lediglich die Reihenfolge, in der wir unsere To-do-Liste abarbeiten. Das sehe ich ganz genauso!

Mit dem »Focus Funnel«, zu Deutsch so etwas wie »Fokus-Trichter«, soll das anders werden. Und so funktioniert's: Oben »werfen« wir alle anstehenden, vermeintlich wichtigen und dringenden Aufgaben hinein und schauen, was am Ende der Entscheidungskaskade übrig bleibt. Die Stufen im Fokus-Trichter lauten: eliminieren, automatisieren, delegieren, prokrastinieren. Probieren Sie es mal mit Ihrer heutigen Aufgabensammlung, wenn Sie mögen:

- Schauen Sie sich den ersten Eintrag an und fragen Sie sich: Können Sie diese Aufgabe eliminieren, weil sie sich nicht lohnt oder Sie nicht weiterbringt? Wenn ja, weg damit, eine Sache weniger!
- Die zweite Frage lautet: Lässt sich die Aufgabe automatisieren? Das heißt, gibt es ein Tool oder ein Programm, mit dem Sie die Bearbeitung besser oder schneller erledigen lassen können? Wenn das möglich ist, sparen Sie mithilfe der Automatisierung in Zukunft Zeit – natürlich erst nachdem alles eingerichtet ist und reibungslos läuft. Diese Investition muss sein, um später mehr Freiraum zu haben.
- Die dritte Frage geht in eine ähnliche Richtung: Können Sie die Aufgabe delegieren, etwa indem Sie einer anderen Person beibringen, wie das geht? Wenn ja, investieren Sie auch in diesem Fall die Zeit für die Schulung und schaffen Sie sich auf diese Weise künftig neuen Freiraum, sobald die Person eingelernt ist.
- Die letzte Frage lautet: Müssen Sie das unbedingt jetzt erledigen? Lautet Ihre letzte Antwort Ja, kümmern Sie sich sofort und möglichst ablenkungsfrei darum oder legen Sie zumindest einen fixen Termin für die Umsetzung fest. Und was passiert, wenn Sie auch hier verneinen? Ganz einfach, dann darf diese Aufgabe »absichtlich prokrastinieren«, wie Rory Vaden es nennt. Das heißt, sie wird erst einmal zurückgestellt und zu einem späteren Zeitpunkt erneut durch den Fokus-Trichter geschickt.[4]

»An den Scheidewegen
des Lebens stehen
selten Wegweiser.«

Charlie Chaplin

## Tägliches Pensum an Aufgaben

Denken Sie kurz an die Analogie mit dem Gebirgsbach aus Kapitel 1 zurück: Wenn der Bach oben irgendwo in einem Gletscher startet und gen Tal fließt, hat er dann schon eine Priorität festgelegt, um welchen Stein er als Nächstes fließen will? Wohl kaum. Er fließt einfach ins Tal. Das ist seine Bestimmung und damit so etwas wie seine Leitlinie. Sollte es auf dem Weg dorthin Hindernisse geben, findet der Bach wie von Geisterhand einen Weg, um sie zu überwinden und danach weiter ungestört Richtung Tal zu fließen. Genauso sollte unsere Aufgabenliste für den Tag sein: Über das große Ganze und das Ziel sind wir uns im Klaren. Daher enthält sie nur die Punkte, die für den heutigen Tag wichtig sind und die wir voraussichtlich auch erledigen können. Sie ist aber nicht in Stein gemeißelt.

Im Grunde gibt es auch auf meiner Aufgabenliste des Tages eine gewisse Wichtigkeit. Jedoch versuche ich stets, nur das auf meine tägliche To-do-Liste zu schreiben, wenn es realistisch ist, dass ich es an diesem Tag auch erledigen werde. Viele Menschen muten sich schlichtweg zu viel zu und sind dann am Ende des Tages frustriert, wenn sie abends auf eine endlose Liste von Aufgaben schauen, die sie nicht erledigt haben. Nichts ist so demotivierend, wie von einem Tag auf den nächsten Aufgaben zu übertragen, in der tiefen Hoffnung, sie endlich mal zu schaffen. Ich bin mir sicher, jeder von uns hat diese ernüchternde Erfahrung bereits mehrfach im Leben sammeln dürfen.

Meiner Meinung nach sind eine gute Portion Realismus und Ehrlichkeit der beste Weg für einen entspannten Arbeitsalltag. Ich rate Ihnen daher aus persönlicher Erfahrung, lieber eine kleine, kompakte Liste zu haben, die Sie auf einem Blick überschauen können, als ein endloses Meer von Aufgaben, die Sie unter Umständen wochenlang vor sich herschieben. Das bedeutet nicht, dass Sie die Zukunft aus den Augen verlieren – Sie dürfen schon vorausplanen, Ihre Deadlines im Kalender eintragen et cetera. Aber auf Ihrer Wochenübersicht sollten nur die unmittelbaren nächsten Schritte stehen. Das erleichtert die Erledigung enorm, denn bei einer kompakten To-do-Liste können Sie sich ganz nüchtern fragen, was gerade unbedingt getan werden muss. Um die Wichtigkeit mit Ihrem Empfinden abzugleichen, können Sie sich fragen: Wenn Sie heute nur noch eine einzige Aufgabe erledigen könnten – welche wäre das? Die Belohnung dieser Reduktion wird ein befriedigendes Gefühl von Klarheit sein.

## Voller Einsatz, volle Konzentration

In dem fantastischen Film *City Slickers – die Großstadthelden* gibt es eine Szene, die sich in mein Gedächtnis gebrannt hat. Jack Palance spielt darin einen alten, wortkargen Cowboy namens Curly, Billy Crystal den unglücklichen Angestellten Mitch aus der Großstadt. Die beiden reiten durch die Prärie. Mitch erzählt dabei von seinen Alltagsproblemen, seinen Ehestreitigkeiten und seinem Frust im Job. Curly hört ihm lange Zeit nur zu, hält dann sein Pferd an und fragt ihn, ob er das Geheimnis des Lebens wissen wolle. Na, und ob! Aufgeregt schaut Mitch den alten Cowboy an. Der streckt den Zeigefinger in die Luft und sagt, dass dies das Geheimnis des Lebens sei.

Mitch ist verwirrt: »Dein Finger?«

»Eine Sache«, erklärt Curly mit einer Zigarette im Mundwinkel. »Nur eine einzige Sache.« Es gehe nur darum, dieser einen Sache zu folgen – alles andere wäre dann »scheißegal«.

Mitch ist jedoch nicht zufrieden und fragt den alten Cowboy: »Das ist ja großartig. Nur: Was ist die eine Sache?«

Curlys Gesicht verzieht sich zu einem breiten Grinsen: »Genau das musst du selbst herausfinden!«

## Der nächste Schritt

Auf unserem Weg zur Klarheit müssen wir bei unseren Entscheidungen und unseren Zielen stets berücksichtigen, was »die eine Sache« für uns ist, also das, was uns gerade jetzt mehr am Herzen liegt als alles andere auf der Welt. Darauf konzentrieren wir dann unsere gesamte Kraft und Energie im Hier und Jetzt.

Lassen Sie sich von der Bezeichnung nicht verwirren: Es geht dabei nicht immer um große oder lebensverändernde Dinge, sondern auch um Alltägliches, das aber für unser Seelenheil und Wohlbefinden nicht minder wichtig ist. Dazu zählt zum Beispiel, heute ein Gespräch zu führen und der anderen Person unsere volle Aufmerksamkeit zu schenken. Wir suchen also jetzt nicht mehr nach Antworten auf die komplexen essenziellen Fragestellungen des Lebens wie Billy Crystal in der

Filmszene. Es geht eher um den nächsten Schritt, für den wir unsere volle Kraft und Konzentration einsetzen. Durch diesen Fokus erleben wir, wie die Klarheit in unser Leben zurückkehrt und wir Freude am Rhythmus unseres Lebens haben.

Konfuzius wird der legendäre Satz zugeschrieben: »Der längste Weg beginnt mit dem ersten Schritt.« Ob der alte chinesische Philosoph vor über 1 500 Jahren das tatsächlich so gesagt hat, weiß niemand mit absoluter Sicherheit. Nichtsdestotrotz ist die Aussage bis heute richtig und wahr. Gerade bei größeren Projekten in unseren Unternehmen, aber auch im Privatleben gibt es unterschiedliche Arten von Entscheidungen, langfristige wie kurzfristige, komplexe wie simple. Wenn wir uns die Entscheidungen, die wir zu treffen haben, näher anschauen, sind wir oft überwältigt von der Komplexität der Aufgabenstellung. Nur zu leicht könnten wir uns in den mehrschichtigen Aufgaben verirren, und oft verlässt uns der Mut und wir beschließen, das Projekt erst einmal gar nicht anzugehen. Doch das ist nicht immer eine Option und nicht immer optimal. Bei der Orientierung kann uns die Frage nach dem nächsten Schritt weiterhelfen und uns die Angst nehmen, da sie den großen, unüberschaubaren Brocken in kleine, gut verdauliche Häppchen zerteilt.

## Handfest und umsetzbar

Mir hat die Frage nach dem nächsten konkreten Schritt im Leben schon oft geholfen – immer wenn ich merkte, dass mich die Komplexität eines Projekts oder einer anstehenden Entscheidung erstarrt und überwältigt an meinem Schreibtisch zurückließ. Probieren Sie es einmal aus und erleben Sie die tiefe Freude, wenn es Ihnen gelingt, »in die Gänge« zu kommen.

Selbst bei den größten und kompliziertesten Projekten gibt es immer den einen nächsten konkreten Schritt. Und mit »konkret« meine ich wirklich etwas Handfestes. Es geht also nicht darum, »irgendwann einmal über irgendetwas nachzudenken«, sondern um eine konkrete Handlung, beispielsweise eine Recherche durchführen, ein Gespräch vorbereiten, einen Termin ausmachen oder im Baumarkt Farbe kaufen. Oder nehmen wir an, Sie haben den großen Traum, eine mehrwöchige Reise zu machen. Dabei gibt es jede Menge zu berücksichtigen, aber ein erster konkreter Schritt ist: »Im Kalender nach einem geeigneten Monat suchen und diese Wochen für den Urlaub blockieren.« Es klingt wahrlich banal, ist aber eine praxiserprobte, wirkungsvolle Maßnahme, um die Dinge in Gang zu bringen.

Damit das Ganze funktioniert, müssen Sie also konkret werden. Der »nächste Schritt« ist etwas, das Sie klar erledigen und auf Ihrer To-do-Liste abhaken können. Sollten auf Ihrer Aufgabenliste Einträge stehen, die niemals als »erledigt« markiert werden können, sind Sie auf dem Holzweg. Überlegen Sie sich in dem Fall einen wirklich umsetzbaren nächsten Schritt.

## Konkrete Vorstellungen

Eine Frage, die mir schon oft geholfen hat, um mich und mein Team auf ein weiter entferntes Ziel einzuschwören, lautet: »Wie fühlt sich ›fertig‹ an?« Zugegeben, sie klingt etwas spärlich und ungewöhnlich. Doch ich habe festgestellt, dass sie eine Möglichkeit sein kann, uns aus der Sackgasse der nicht messbaren Ziele zu navigieren. Indem wir uns allein oder als Team hinsetzen und uns ein Bild davon machen, wie ein Projekt oder unser Leben einmal sein soll, wenn es »fertig« ist, gelingt es uns besser, so etwas wie einen Maßstab zu finden. Nur weil wir Schwierigkeiten haben, etwas zu quantifizieren, darf uns das nicht von unserem Bestreben nach Klarheit abhalten.

Für mich ist es immer ein wahres Geschenk, wenn wir im Team solche Momente erleben dürfen. Verrückterweise haben uns die Erfahrungen während der Corona-Krise dabei geholfen. Wir wurden von außen quasi dazu gezwungen, uns wieder mehr mit uns selbst zu beschäftigen. Der schier endlose Lockdown und damit einhergehend die Schließung der Geschäfte unserer Handelspartner warf auch unser Lattoflex-Team auf sich selbst zurück. Wir mussten uns mit unbequemen Fragen beschäftigen: Was ist jetzt wirklich wichtig? Was können wir konkret tun? Was ist der nächste Schritt? Was ist die eine Sache? Wo sind wir in der Vergangenheit, vielleicht durch zu viel Ablenkung, von unserem Weg abgewichen?

Ich muss gestehen, dass wir so manches Mal während der Corona-Pandemie Dinge mit größerer Klarheit und Mut angegangen sind, als uns das oftmals in den »normalen Zeiten« vorher gelungen ist. Diese Erfahrung hat mir wieder einmal gezeigt, wie enorm wichtig es ist, den Fokus immer wieder von Neuem auf das Wesentliche zu lenken. Auf das, wohin wir wollen, und welche Entscheidungen dafür nötig sind.

Dann wird schnell klar, welche konkreten Schritte jetzt gegangen werden müssen und worauf wir zu diesem Zweck unsere volle Aufmerksamkeit und gebündelte Kraft richten.

Zugleich ist es schmerzhaft zu wissen, dass wir uns vermutlich irgendwann wieder im Alltag und in der Hektik des Tagesgeschäfts verlieren werden. Ich hoffe, dass wir unser Mindset lange beibehalten können und uns gegenseitig an die Wichtigkeit von Reflexion, Ausrichtung und Klarheit erinnern. Denn nur wenn wir alle klar denken, können wir mutig entscheiden und entschlossen handeln. Daran arbeiten wir Tag für Tag.

## Klarheit als Messlatte

Eine Ursache der wachsenden Unklarheit im Business wurzelt sicherlich im Übergang der Industrie- zur Wissensgesellschaft. Früher konnten die meisten Tätigkeiten quantifiziert werden. So gab es beispielsweise einen Akkordlohn. Die Höhe der Entlohnung richtete sich nach der Anzahl der fertiggestellten Werkstücke in einem festgelegten Zeitrahmen. Das war klar und eindeutig. Die Klarheit über Ziele war damit sehr leicht herzustellen: »Im vergangenen Monat haben wir 520 Matratzen produziert. Unser Ziel in diesem Monat sind 550 Matratzen.« Solche Ziele sind eindeutig messbar, und wir können am Ende feststellen, ob wir sie erreicht oder verfehlt haben.

Doch in der Wissensgesellschaft ging diese Klarheit für immer verloren. Kreativität, Innovationsfähigkeit, effektive Kommunikation – sie sind schwer zu fassen und in Zahlen und Fakten noch schwerer darstellbar. Daran haben sich bereits ganze Generationen von Arbeitswissenschaftlern die Zähne ausgebissen. Die Folge: Je weniger wir unsere Hände zur Wertschöpfung gebrauchen und je mehr wir von der Leistung unseres Gehirns abhängig sind, desto unklarer werden unsere Ziele und damit oftmals unsere Ausrichtung. Müssen wir uns demnach diesem Schicksal ergeben, weil es nicht zu ändern ist? Ich glaube nicht! Selbst wenn wir Ziele nicht mehr quantifizieren können, so können wir sie doch hinreichend konkret definieren.

Leider gibt es in Bilanzen oder Gewinn- und Verlustrechnungen keinen Posten »Klarheit«. Dabei beeinflusst dieser Faktor die Produktivität unserer Organisation wie kaum ein anderer. Gerade in Unternehmen ist es daher unerlässlich, immer wieder für Klarheit zu sorgen. Ein Team, in dem jeder weiß, wohin die Reise gehen soll, und die langfristige Strategie verinnerlicht hat, arbeitet ohne große Arbeitsanweisungen effektiv und kann wahre Wunder vollbringen. Wir müssen sie nur lassen, ihnen als Führungskräfte vertrauen und ihnen den Rücken stärken.

## Das große Ganze

Immer wenn uns die Arbeit leicht von der Hand geht, unsere Teams mühelos miteinander interagieren und wir in der Lage sind, in kurzer Zeit große Mengen von Arbeit zu erledigen, können wir davon ausgehen, dass bei den Beteiligten Klarheit herrscht in Bezug auf die Ausrichtung und den Sinn und

Zweck des Unterfangens. Wann immer wir hingegen in der Tagesarbeit versinken und uns wie ein Hamster in seinem Rat endlos abstrampeln, ohne wirklich voranzukommen, fehlt es hingegen an Klarheit über den Weg und/oder das Ziel.

Letzteres habe ich immer wieder in Meetings beobachten können. Wenn eine Besprechung endlos lange dauert, sich die Argumentation im Kreis dreht und man das Gefühl hat, überhaupt nicht von der Stelle zu kommen, wird es zäh. Doch so muss es nicht sein oder gar bleiben. Schließlich wissen wir aus Erfahrung, dass es auch anders geht. Wir wissen, wie sich Klarheit und Tiefe anfühlen. Da gibt es dieses eine Buch, das wir verschlingen und anschließend für Stunden von neuen Gedanken beseelt sind. Oder es gibt diesen einen Film, der uns berührt, weil er es schafft, in bewegten und bewegenden Bildern das auszudrücken, was in uns schlummert. Manchmal rollen uns sogar ein paar Tränen über die Wangen, weil wir das Gefühl haben, dass es genau das ist, was in unserem Leben fehlt.

Auch im Business erleben wir solche Momente, allerdings immer noch zu selten: Wenn wir uns für die Projekte in unserem Unternehmen zusammensetzen und das Meeting »fließt«. Wenn wir uns wirklich die Zeit nehmen, ein konkretes Problem in der Tiefe zu verstehen. Wenn alle ihren Beitrag leisten, das Whiteboard sich mit Gedanken und Zeichnungen füllt und am Ende alle ein gemeinsames Verständnis und einen Konsens über die anstehenden Aufgaben haben. Dann wird uns bewusst, wie unbefriedigend die Jagd im Außen sein kann, wenn es uns nicht gelingt, mit tiefgreifender Klarheit über uns selbst, unsere Ziele und Wünsche unseren eigenen Weg zu gehen.

## TEILE DIE WOLKEN ...
### Kernideen für klarere Sicht

- Entscheidungen werden umso schwieriger, je mehr Optionen wir im Leben haben.

- Die Schwierigkeit bei Entscheidungen liegt nicht so sehr darin, uns für etwas zu entscheiden, sondern etwas anderes dafür aufzugeben.

- Philosophisch betrachtet gibt es keine falschen Entscheidungen. Die Bedeutung von »falsch« oder »richtig« geben wir dem Leben und den Angelegenheiten selbst.

- Das Leben ist bunt und unvorhersehbar. Aus diesem Grund sind Prioritäten oft zum Scheitern verurteilt.

- Immer wieder sind wir aufgefordert, uns für die eine Sache zu entscheiden, die jetzt wichtig ist, und all unsere Energie darauf zu lenken.

## ... UND FINDE DEN WEG
### Mit fünf konkreten Maßnahmen bessere Orientierung finden

1. Gibt es Bereiche in Ihrem Unternehmensalltag, in denen die Auswahlmöglichkeiten Sie oder andere überwältigen? Reduzieren Sie diese Optionen bewusst auf die wirklich notwendigen. Dabei helfen

Ihnen die Erkenntnisse aus den vorangegangenen Wolkenteilern.

2. Erstellen Sie eine Liste aller Entscheidungen, die Sie schon länger vor sich herschieben, die Sie aber dringend angehen sollten – egal ob beruflich oder privat. Gehen Sie diese Liste durch und überlegen Sie: Was fehlt Ihnen, um in diesem Bereich eine klare Entscheidung zu fällen?

3. Beobachten Sie in der nächsten Woche Ihre Entscheidungsprozesse. Halten Sie sich mit Dingen auf, die Sie ohnehin nicht beeinflussen können? Wenn ja, versuchen Sie stattdessen, sich auf die Herausforderungen zu konzentrieren, auf die Sie effektiv Einfluss nehmen können.

4. Erstellen Sie eine Liste all Ihrer Projekte und langfristigen Ziele. Definieren Sie für jedes Projekt und jedes Ziel den einen nächsten konkreten Schritt, den sie innerhalb der nächsten 72 Stunden umsetzen können – und tun Sie es!

5. Überprüfen Sie Ihre To-do-Liste und werfen Sie speziell einen Blick auf Aufgaben, die sehr schwammig formuliert sind. Korrigieren Sie diese Aufgaben, indem Sie exakt formulieren, was das Ergebnis sein soll.

Um Ihre Entscheidungsfreude weiter zu unterstützen, bereite ich für Sie auf *www.wolkenteiler.de* passende kostenlose Hilfestellungen vor, die Sie in Ruhe durchlesen, anschauen oder auch herunterladen können.

# 5
## TATKRAFT
# MEHR LEICHTIGKEIT BEI DER KOMMUNIKATION UND UMSETZUNG VON PLÄNEN

»Eine Vision ohne Aufgabe ist nur ein Traum. Eine Aufgabe ohne eine Vision ist Plackerei. Eine Vision und eine Aufgabe sind die Hoffnung der Welt.«

Inschrift auf einer Kirchenmauer in Sussex

Nachdem wir unsere Gefühle und Gedanken ergründet, unsere Ausrichtung definiert, unseren äußeren Raum geordnet und wichtige Entscheidungen gefällt haben, geht es jetzt darum, unsere Botschaften und Ideen in die Welt zu tragen. Wir müssen aus einer tiefen inneren Klarheit heraus unsere Pläne und Ziele unmissverständlich kommunizieren können, um wirklich verstanden zu werden und Verbündete für unser Vorhaben zu finden.

Mithilfe der ersten vier Wolkenteiler haben wir aus uns selbst heraus und für uns allein Klarheit erreicht – ohne Frage die Grundvoraussetzung für diesen nächsten Schritt. Der fünfte Wolkenteiler befasst sich mit der Formulierung eindeutiger Botschaften mit klaren und gleichzeitig inspirierenden Worten. Zusammen mit unserer inneren Überzeugung bilden sie ein machtvolles Werkzeug, um gemeinsam mit unseren Teams kraftvoll ins Handeln zu kommen. Denn Verwirrung im Kopf der Empfänger einer Botschaft – seien es Kunden, Partner, Kollegen oder Mitarbeiter – ist einer der größten Bremsklötze auf dem Weg zum Erfolg. Kaum etwas ist so schwer zu beseitigen wie ein einmal entstandenes Durcheinander, und wenn Unklarheit darüber herrscht, wofür unsere Firma steht, was wir eigentlich wollen und wohin unser Weg uns führt, fällt es anderen schwer, unserer Führungsstärke und unseren Kompetenzen zu vertrauen.

Die zentralen Fragen bei diesem Wolkenteiler lauten:

- Wie können wir das, was in uns ist, so nach außen tragen, dass wir wirklich verstanden werden, dass wir gehört und gesehen werden und die anderen unser Anliegen nachvollziehen können?

- Wie vermitteln wir unsere Ziele und Vorstellungen unseren Mitmenschen, sodass sie unser Vorhaben ebenso enthusiastisch unterstützen?
- Wie lassen sich Missverständnisse in der Kommunikation vermeiden?
- Wie können wir als Führungskräfte/Unternehmer unsere Entscheidungen dem gesamten Team begreiflich machen und mutig vorangehen?
- Wie schaffen wir es, dass sich unsere inneren Werte und Überzeugungen in unseren Worten widerspiegeln?

## Klarer Geist für klare Kommunikation

Der Literaturnobelpreisträger Bernard Shaw brachte es einst treffend auf den Punkt: »Das größte Problem in der Kommunikation ist die Illusion, sie hätte stattgefunden.« Auch dieser Satz hing lange Zeit über meinem Schreibtisch. Zugegeben, er ist schon ein bisschen gemein, aber oft so wahr: Wir glauben, wir hätten mit anderen kommuniziert, doch in Wahrheit ist das eben häufig nicht der Fall, weil wir aneinander vorbei geredet haben, von unterschiedlichen Prämissen oder Definitionen ausgegangen sind, also keine gemeinsame Basis und kein gemeinsames Vokabular hatten, weil unser Gegenüber schlichtweg unaufmerksam war, da ihn unsere Präsentation nicht fesseln konnte und er sich hat ablenken lassen et cetera. Das steht dem Verständnis und damit der Klarheit eindeutig entgegen. Nur wenn wir einander verstehen und auch als Team ein eindeutiges Ziel vor Augen haben, können wir gemeinsam etwas bewegen und bewirken.

Ungeordnete Gedanken führen zu ungeordneter Kommunikation. Das gilt für unsere inneren Monologe ebenso wie für Dialoge mit anderen. Bei unseren Selbstgesprächen stellen wir die falschen Fragen und diskutieren mit unserer inneren Stimme völlig sinnlose Lösungen. Aufgrund mangelnder innerer Klarheit wissen wir nicht, wohin wir unsere Aufmerksamkeit lenken sollen. Noch schlimmer wird es, wenn wir unseren Partner oder unserem Team aus einem Zustand der Verwirrung heraus verständlich zu machen versuchen, wohin die zukünftige Reise gehen soll. Das Ergebnis ist immer ein Desaster, denn Verwirrung ist ansteckend. Wenn wir ein Team beobachten, in dem ein oder zwei Personen völlig verwirrt darüber sind, was als Nächstes zu tun sei, sehen wir plötzlich eine komplette Gruppe in Aufruhr. Eine Unternehmensleitung, die verwirrende und widersprüchliche Dinge von sich gibt, kann leicht ein komplettes Unternehmen in den Wahnsinn treiben.

Ich habe das vor einigen Jahren in einem Coaching genau so erlebt. Ich wurde um Rat gefragt, weil das Unternehmen nicht mehr auf der Erfolgsspur war. Kunden sprangen ab, Projekte verzögerten sich ins schier Unendliche und sprengten jeden Kostenrahmen. Ich führte zahlreiche Gespräche mit Beteiligten auf verschiedenen Ebenen und aus diversen Abteilungen. Überall gab es vermeintlich »gute Gründe«, warum die Person, mit der ich gerade sprach, ärgerlich über die Gesamtsituation war, und ebenso häufig hörte ich Beschwerden über andere Abteilungen, vor allem aber über die Führungsriege.

Auf meine Frage, was eigentlich die übergeordneten Ziele des Unternehmens seien, bekam ich entweder verständnislose Blicke und Schulterzucken oder ganz verschiedene Antworten – je nachdem wen ich fragte. Je länger ich mich mit diesem Unternehmen und seinen Mitarbeitern auseinandersetzte, desto klarer wurde mir, dass auf diese Problemstellung das alte Sprichwort zutraf: »Der Fisch stinkt vom Kopf.« An der Spitze standen nämlich zwei Geschäftsführer, die leider höchst unterschiedliche Ansichten und Meinungen hatten, wohin das Unternehmen steuern sollte, und aus diesem Grund kaum miteinander kommunizierten. Und mit den Mitarbeitern schon mal gar nicht, zumindest nicht über strategische Belange.

Jeder machte also sein Ding, und eine Zeit lang schien das ja auch gut zu funktionieren. Doch früher oder später musste sich diese Unklarheit durch nicht ausgetragene Konflikte und die fehlende Ausrichtung rächen. Sie sickerte von der Spitze durch alle Hierarchien des Unternehmens. Wie ein Gebirgsbach – allerdings ein sehr trüber, bisweilen sogar toxischer. Diese Verwirrung an der Spitze war der Grund, warum das Unternehmen nicht mehr vom Fleck kam. Im Laufe des Coachings verständigten sich die beiden auf eine gemeinsame Linie über alle Abteilungen hinweg. Ein Mitarbeiter formulierte es schmunzelnd so: »Unsere beiden Chefs sind jetzt in der Paartherapie!« Dieser Veränderungsprozess zeigte schnell Wirkung. Die Streitigkeiten gingen zurück, und alle hatten das Gefühl, im selben Boot zu sitzen. Die internen

Reibereien hörten auf, und alle hatten mehr Zeit, sich um die Kunden und den Markt zu kümmern. Deshalb ist Klarheit einer der wesentlichen Faktoren für unternehmerischen Erfolg und die Reduktion von Stress und Missverständnissen in einer Organisation.

## Fehlgeleitete Kommunikation

Aus einem unklaren Geist kann keine sinnvolle, verständliche und klare Botschaft kommen. Egal ob in einem Gespräch unter vier Augen, in einer Teambesprechung oder in einer Präsentation vor versammelter Mannschaft: Unsere Aufgabe ist es, unsere Ideen und Gedanken so in Worte zu kleiden, dass sie bei unserem Gegenüber auch wirklich ankommen.

Es bricht mir regelrecht das Herz zu sehen, wenn jemand so viel Gutes zu sagen hätte, aber seine Mitmenschen einfach nicht erreicht, weil seine kommunikativen Fähigkeiten nicht weit genug entwickelt sind. Ich habe in den vergangenen dreißig Jahren immer wieder erleben müssen, wie sich manche Führungskräfte, Abteilungsleiter oder Projektleiter damit abkämpften und wie aufgrund von unklarer Kommunikation großartige Ideen kläglich scheiterten. Ich vermute, jeder von uns hat bereits einmal miterlebt, wie ein Kollege in einem Meeting die Zuhörer erst in Verwirrung und dann in pure Apathie geredet hat, anstatt sie mit klaren Botschaften zu inspirieren und für seine Ideen zu begeistern.

Als Chef liegt es in meiner Verantwortung, meine Führungsteams und im Grunde alle meine Mitarbeiter dabei zu

»Hat die Idee die höchste
Stufe der Vollkommenheit
erreicht, so bricht das Wort
auf wie eine Blüte.«

Joseph Joubert

unterstützen, mit größtmöglicher Klarheit vorzugehen. Dazu setze ich die vier vorangegangenen Wolkenteiler im Alltag immer wieder ein. Wenn ich zum Beispiel merke, dass eine Führungskraft noch nicht in der Lage ist, eine Idee – etwa für ein neues Entwicklungsprojekt – in einfachen Sätzen klar zu kommunizieren, rate ich als Erstes zu Ruhe und Abstand: »Mach dir keinen Kopf. Schlaf eine Nacht darüber und schau dir das Ganze morgen noch einmal in Ruhe an.« Als Nächstes empfehle ich zu versuchen, die Idee schriftlich in maximal fünf Sätzen zu formulieren, um so aufs Papier zu bringen, worum es eigentlich geht.

Vielen fällt es schwer, in der Hektik des Alltags Ruhe zu finden oder sich ausreichend Zeit zum Nachdenken zu nehmen. Sie glauben, sie könnten sich das nicht leisten, da ein permanenter Druck auf ihnen lastet, von innen wie von außen. In Bezug auf Reflexion und Auszeiten versuche ich, meinem Team vorzuleben, dass es auch anders geht. Denn meiner Erfahrung nach führt der Weg immer erst nach innen – und dieser vermeintlich hohe Zeitaufwand zahlt sich später in vielfacher Hinsicht aus. Projekte laufen ruhiger, eindeutiger und mit wesentlich weniger Reibungsverlusten, wenn am Beginn eine klare Idee steht. Daher ist mir dieser Schritt in die Reflexion so enorm wichtig! Alle meine Mitarbeiter dürfen sich Freiräume nehmen und nach ihren Vorstellungen gestalten. Denn aus zahlreichen Gesprächen weiß ich, wie sehr ihnen Rückzug und Abstand gerade in stürmischen Zeiten helfen.

## Sündenbock für Kommunikationsfehler

Ein gängiger Abwehrmechanismus gegen Verwirrung, also wenn jemand mit uns spricht und wir irgendwann feststellen, dass wir komplett den Faden verloren haben: Flucht. Wenn möglich entziehen wir uns höflich der unbehaglichen Situation, weil wir »ganz dringend« etwas zu erledigen haben, einen Anruf erwarten, jemandem etwas Wichtiges bringen müssen et cetera. Wenn wir nicht einfach so gehen können, zum Beispiel in einer Teambesprechung, schalten wir oftmals auf Durchzug. Wir flüchten in unsere eigene Gedankenwelt, nicken aber hin und wieder noch freundlich, um Aufmerksamkeit und Interesse zu suggerieren. Doch so manches Mal ist uns die geistige Abwesenheit anzusehen.

Wie oft entspinnen sich nach einem Gespräch oder einer Präsentation Diskussionen, in denen der Satz fällt: »Das habe ich doch schon gesagt. Mehrmals sogar!« Das ist ein klares Anzeichen dafür, dass unsere Botschaften kaum Gehör finden konnten. Nur weil wir Worte zu Sätzen angeordnet und ausgesprochen haben, bedeutet das noch lange nicht, dass diese auch exakt so, wie wir sie gemeint haben, beim Empfänger angekommen sind und verstanden wurden. Ja, das kann frustrierend sein, doch wir müssen akzeptieren, dass der Grund für das Missverständnis oder Unverständnis auf der Gegenseite oft bei uns selbst liegt. Besser gesagt: in uns. Die innere Klarheit fehlte, und daher ist es uns nicht gelungen, in verständlichen Worten auszudrücken, was wir meinen oder wirklich wollen. Das lässt Spielraum zur Interpretation beim Empfänger der Botschaft – und manchmal geht das eben nach hinten los. Oder wie einer meiner Mentoren treffend sagte: »Die Qualität deiner Kommunikation siehst du an der Reaktion des Empfängers.«

Gerne suchen wir bei Missverständnissen die Schuld bei anderen. Wir werfen unseren Mitarbeitern, Kollegen, Freunden oder Partnern vor, sie wären nicht bereit oder geistig in der Lage, unseren Ideen zu folgen oder sie würden uns nicht richtig zuhören. Doch durch solche Schuldzuweisungen reduzieren wir unsere Macht, das Ganze noch zum Positiven zu wenden. Sie erinnern sich: »Wem du die Schuld gibst, dem gibst du die Macht!« Die entscheidende Frage lautet: Haben wir wirklich mit tiefer innerer Klarheit unsere Worte gewählt?

## Übermittlung von Botschaften

Oft fragen mich Leute vor einer wichtigen Präsentation, einem Vortrag oder entscheidenden Verhandlungsgespräch um Rat. Sie wünschen sich praktische Tipps und Tricks, wie sie am besten zu den Leuten sprechen sollten, sodass sie die Zuhörer von der Idee oder dem Produkt begeistern können. Doch schon eine gezielte Frage meinerseits nach dem konkreten Ziel bringt sie total aus dem Konzept. Sie tun sich sichtlich schwer, ihre Gedanken in ein paar einfachen Sätzen zusammenzufassen. Das zeigt mir: Sie haben einen wesentlichen Schritt zur Klarheit übersprungen – die Selbstreflexion. Meiner Erfahrung nach endet das stets in einer Sackgasse. Erst wenn wir in uns selbst Gewissheit erlangt haben und uns klar ist, was wir wollen oder wohin wir wollen, welches unser Weg und unser Ziel sind, können wir gezielt darüber nachdenken, was die wirksamsten Worte sind, um unsere Botschaft in die Welt zu tragen.

In der Psychologie, Soziologie und Rhetorik gibt es fantastische Erkenntnisse darüber, wie es gelingen kann, Botschaften möglichst eins zu eins einem Empfänger zu übermitteln. Die Grundregeln wirkungsvoller Kommunikation sind seit Jahren erprobt und in vielen Gebieten erfolgreich im Einsatz. Hier ein paar Aspekte, die ich in Besprechungen und bei Vorträgen beherzige:

- **Wohlüberlegt und empathisch:** Wenn Sie sich auf ein Gespräch einstellen, einen Vortrag vorbereiten oder eine wichtige E-Mail schreiben, fragen Sie sich, in welcher emotionalen Verfassung die Empfänger der Botschaft wohl derzeit sind. Was sind ihre Ängste oder Sorgen? Was könnten mögliche Gegenargumente sein? Wo gibt es Zweifel, die Sie ausräumen sollten? Kommunizieren Sie auch, wie Sie Ihr Gegenüber wahrgenommen und verstanden haben. So schaffen Sie eine Basis für weitere, tiefgehende Gespräche.
- **Kurz und bündig:** Verwenden Sie im Gespräch möglichst kurze Sätze. Je länger ein Satz ist, desto höher ist die Wahrscheinlichkeit, dass Ihre Zuhörer den Faden verlieren. In der Schriftsprache ist das etwas anderes, aber auch in einer E-Mail sollten Sie keine ellenlangen, ineinander verschachtelten Sätze verwenden. Lieber knapp und klar bleiben!

- **Simpel und verständlich:** Verzichten Sie auf Fremdwörter oder Fachbegriffe, um Verwirrung und Missverständnissen vorzubeugen. Sie können nie sicher sein, dass alle Zuhörer beispielsweise des Englischen mächtig sind. Ich habe schon oft erlebt, dass Führungskräfte bei der Verkündung einer neuen Strategie auf trendige Fachbegriffe zurückgriffen, statt einfach zu sagen, was Sache ist.
- **Schnell und schmerzlos:** Kommen Sie vor allem bei schlechten Nachrichten direkt zum Punkt. Das ist besser als endlose blumige Formulierungen. Dadurch verändert sich der Kern der Botschaft schließlich nicht, und die Zuhörer spüren ohnehin, dass etwas im Busch ist. Die Gerüchteküche brodelt vermutlich schon seit Tagen. Warum also alle weiter unnötig auf die Folter spannen?
- **Direkt und persönlich:** Egal ob in einer E-Mail oder bei einer Ansprache vor Ihrem Team, vermeiden Sie Verallgemeinerungen. Reden Sie Tacheles und binden Sie Ihre Zuhörer ein. Sprechen Sie die Menschen dabei direkt an, statt auf Distanz zu gehen. So fühlt sich das Publikum angesprochen und involviert – und das ist schon ein enormer Schritt, denn Sie brauchen das Verständnis und die Unterstützung Ihres Teams, vor allem in Krisenzeiten.

Trotzdem gilt: Wer glaubt, er könne nur ein paar Regeln aus der Rhetorik nehmen und damit sogleich sein Publikum begeistern, den muss ich an dieser Stelle enttäuschen. Diese rhetorischen Kniffe nützen nichts, wenn die innere Klarheit fehlt – und damit schließt sich der Kreis. Die Worte müssen aus unserem Inneren kommen und als Erstes un-

»Eine unklare Rede
ist ein blinder Spiegel.«

Sprichwort

sere eigene Seele zum Schwingen bringen. Erst dann können sie auch in der Außenwelt die Wirkung entfalten, die uns vorschwebt.

## Der Ursprung der Worte

Alles beginnt an einem Ursprung, und jede Idee, die wir kommunizieren, trägt immer die Energie ihrer Quelle in sich. Es ist unmöglich, sie vollständig voneinander zu trennen. Das bedeutet, wenn wir die nettesten Worte sagen, in uns aber Wut und Zorn herrschen, werden diese Worte ihr Ziel verfehlen. Sie werden kaum eine Resonanz bei der anderen Person erzeugen. Umgekehrt gilt: Selbst wenn wir uns etwas ungeschickt ausdrücken, unsere Quelle aber die richtige ist, erreichen unsere Worte ihr Ziel. Denn unser Gegenüber spürt, dass wir es aus tiefstem Herzen ehrlich meinen, und wird unser leidenschaftlich vorgetragenes Anliegen verstehen. Können wir in dieser Situation noch dazu die richtigen Worte finden, verstärkt sich der Effekt meiner Erfahrung nach jedoch wesentlich. Daher plädiere ich so vehement für innere Klarheit – den entscheidenden ersten Schritt, auf dem alles andere aufbaut.

Die Quelle, aus der wir handeln und unsere Worte sagen, ist unser Warum, und es hat eine unglaubliche Macht in Bezug auf die Klarheit unserer Kommunikation. Wenn die Worte und unsere innere Quelle eine Einheit bilden, verstärken sie sich gegenseitig und tragen uns durch so manche kommunikativen Schwierigkeiten, schlichtweg weil wir einen festen Standpunkt haben und weil wir wissen, wovon wir reden. Das gibt uns Halt, auch wenn jemand mit unseren Worten nicht einverstanden ist. Umgekehrt gilt: Wann immer wir versuchen, unsere Botschaften von unserer Quelle zu entfernen – also wenn wir nicht aus tiefer Überzeugung und Klarheit sprechen –, schwächen wir ihre Wirksamkeit und Bedeutsamkeit.

## Gespür für Intention

Im Grunde nehmen wir in der Kommunikation vieles unterschwellig wahr. Wir haben feine Antennen und spüren, aus welcher Quelle jemand spricht: Wie sieht es in seinem Herzen aus? Welche Emotionen brodeln in ihm? Wie schaut er auf die Welt? Was sind seine Absichten?

Jemand sitzt beispielsweise auf unserem Sofa und sagt mit einem Lächeln: »Alles gut, mir geht es prächtig!« Doch die Person ist wie eingesunken, mit hängenden Schultern, auch die Stimme klingt nicht richtig fröhlich, die Augen »lächeln« nicht mit, die gute Laune wirkt aufgesetzt. Kurzum: Körpersprache, Mimik und Gestik passen einfach nicht zu den Worten, die aus ihrem Mund kommen. Bestimmt kennen Sie viele ähnliche Situationen, in denen Sie es einfach »im Gefühl« hatten, dass da etwas nicht passt. Genauso erfassen die Empfänger unserer Botschaften unsere Körpersprache, die Tonhöhe und die Schwingungen unserer Stimme unbewusst.

Manchmal halten wir uns aber auch bewusst zurück, reden uns ein, wir hätten etwas falsch interpretiert oder könnten uns ja auch irren. Oder wir bringen nicht den Mut auf, unsere Meinung offen kundzutun, obwohl wir mit den Äußerungen der Gruppe nicht aus tiefer Überzeugung einverstanden sind. Wir hören nicht auf unser Bauchgefühl und lassen es gut sein, einerseits um unser Gesicht zu wahren, falls wir etwas wirklich nicht richtig verstanden haben sollten, andererseits um den anderen nicht bloßzustellen. Instinktiv wissen wir also, dass etwas nicht stimmt, sagen aber kein Wort. Ich habe das schon oft erlebt. Dann hörte ich Aussagen wie: »Ja, damit habe ich mich nie wohlgefühlt. Aber ich habe mich nicht getraut, etwas zu sagen, weil scheinbar alle anderen mit der Lösung zufrieden waren.«

## Sicherer Raum für offene Worte

Im Unternehmen wie im Privaten brauchen wir einen sicheren Raum, in dem wir das Gefühl haben, ganz offen sprechen zu dürfen. Eine solche Atmosphäre schaffen wir gemeinsam durch gegenseitigen Respekt und eine solide Vertrauensbasis – und ja, das braucht Zeit. Aber auch diese Investition lohnt sich in vielerlei Hinsicht, ich kann es Ihnen nur von Herzen empfehlen.

Doch selbst in einer Umgebung der Geborgenheit müssen wir oftmals erst den Mut aufbringen, über eine Vorahnung zu sprechen, die wir vielleicht noch gar nicht richtig in Worte fassen können. Sich über konkrete Zahlen, Daten und Fakten auszutauschen fällt stets leichter als über Emotionen, vor allem diffuse Ängste und Sorgen. Aber sobald wir uns trauen, diese Dinge miteinander zu besprechen, erreichen wir eine tiefere Ebene und ein besseres Verständnis von- und füreinander. Das ist unendlich wertvoll! Es ist wie ein Dammbruch, wenn die Dinge endlich offen zur Sprache kommen. Und oft genug kristallisierte sich aus einem unguten Gefühl einer einzelnen Person im Lattoflex-Team am Ende ein deutliches Warnsignal heraus, weil andere es bestätigten. So konnten wir es beim weiteren Vorgehen im Blick behalten.

## Das authentische Warum

Als Verstärkung kann es unglaublich machtvoll sein, wenn wir den Empfänger unserer Botschaft an unserer Quelle teilhaben lassen. Unser Warum wird demnach zu einem Teil unserer Kommunikation. Wir sind offen und ehrlich gegenüber unserem Team oder unseren Mitmenschen und sprechen deutlich aus, warum wir dieses Ziel oder diese Ausrichtung gewählt haben, also was uns im Innersten antreibt und dazu bringt, genau jetzt diese Angelegenheit anzugehen und mit ihnen zu diskutieren.

Simon Sinek, ein von mir hochgeschätzter Autor, drückte es in seinem Buch *Frag immer erst Warum!* so aus: »Die Leute kaufen nicht, was du tust, sie kaufen, warum du es tust.«[1] Was nicht bedeutet, dass unsere Produkte oder Inhalte unwichtig wären. Doch dieser Gedanke verstärkt den oft vergessenen Aspekt in der Kommunikation, dass wir instinktiv immer auf die Quelle reagieren. Wir rechnen ihr eine höhere Glaubwürdigkeit zu als allen schönen Worten der Welt. Anders ausgedrückt: Wir spüren, wenn jemand von Herzen spricht und authentisch ist. Dann »kaufen wir ihm ab«, was er uns zu sagen hat.

Ich habe oft Führungskräfte gesehen, die dieses Potenzial nicht genutzt haben, weil sie glaubten, der Inhalt wäre völlig ausreichend. Aber das ist er nicht. Dieser Fehler ist mir selbst auch schon unterlaufen, als wir ein neues Produkt auf den Markt bringen wollten. Als Ingenieure waren wir begeistert von den innovativen Funktionen, die wir uns ausgedacht hatten. Regelrecht berauscht von den technischen Möglichkeiten entwickelten wir den Prototypen immer weiter und weiter. Doch als ich ihn letztlich auf der Bühne unseren Kunden vorstellte, merkte ich bereits während der Präsentation, dass der Funke bei den Zuhörern gar nicht übersprang. Ich jonglierte wie wild mit technischen Fakten – aber ich schaute in desinteressierte, fast schon gelangweilte Gesichter. Was war da bloß los? Ich war verwirrt. Wieso schien niemand zu verstehen, wie unglaublich toll dieses Produkt war?

Bei einer kleinen Stärkung in der Pause ging ich von einem Grüppchen zum anderen und klinkte mich in die Gespräche ein. Im kleinen Kreis begann ich irgendwann ganz beiläufig davon zu erzählen, warum wir dieses Produkt eigentlich entwickelt hatten, welche Vision dahinterstand. Auf solche Informationen hatte ich bei meiner Präsentation verzichtet, da ich die Fakten für relevanter hielt. Wer würde sich schon für die Beweggründe interessieren – das Ergebnis und die zukünftigen Absatzchancen waren doch letztlich entscheidend! Zu meinem Erstaunen blickte ich plötzlich in wache Gesichter, und leuchtende Augen strahlten mich an.

Klare Botschaften zu formulieren und die richtigen Worte dafür zu finden, wird meiner Meinung nach oft unterschätzt. Wir reden uns ein, dass doch der Inhalt – Zahlen, Daten, Fakten – allein reichen sollte, um die Menschen zu überzeugen. Wer sich wirklich dafür interessiert, wird sich dann schon in der Tiefe weiter damit befassen und so herausfinden, wie genial unsere Ideen doch sind. Effektive Kommunikation basiert jedoch zum überwiegenden Teil auf Hirnschmalz und innerem Aussortieren.

Dieses Beispiel und viele andere haben mich gelehrt, dass es unglaublich wichtig ist, die Menschen immer mit auf die Reise zu nehmen: Warum haben wir das Ganze eigentlich begonnen? Was war unsere Idee dahinter? Warum ist es für uns eine Herzensangelegenheit? Indem wir unsere Mitmenschen an unseren Visionen teilhaben lassen, können wir eher unsere Begeisterung auf sie übertragen und sie werden zu Unterstützern und Verbündeten.

## Die gemeinsame Reise

Diese Form der Klarheit innerhalb des Unternehmens verhindert, dass wir am Ende ein loses Gemenge von Einzelkämpfern werden, die im Grunde genommen nicht wissen, wohin die Organisation selbst ihren Fokus ausrichtet. Es ist ähnlich wie in einem Ruderboot: Wenn jeder in seinem eigenen Rhythmus rudert, ohne auf die anderen Insassen zu achten, ohne einen gemeinsamen Rhythmus und eine einheitliche Ausrichtung, wird sich das Boot kaum fortbewegen. Das wäre schon ein riesiger Zufall. Ohne Absprachen steigt der Stresslevel, und Streitigkeiten nehmen zu. Würde bei allen Beteiligten Klarheit herrschen, säße jeder an seinem Platz und wüsste genau, was wann zu tun ist. So kann das Boot gemeinsam in die angestrebte Richtung gesteuert werden und die ganze Mannschaft vorankommen.

Auf die Unternehmenswelt übertragen: Wenn jeder macht, was er will, können wir nicht vorwärtskommen. Unser Unternehmensschiff dreht sich im Kreis oder es schwankt so sehr, dass wir umzukippen und unterzugehen drohen. Irgendwer muss klare Ansagen machen und die Führung übernehmen beziehungsweise allen verständlich machen, wohin die Fahrt gehen soll. Oder wir diskutieren alle gemeinsam und finden einen Konsens darüber – je nach Managementmodell. Es herrscht eine gewisse Harmonie und es ist ein Rhythmus spürbar, in dem sich das komplette Team bewegt, mit dem Ziel, größtmöglichen Erfolg mit hoher Leichtigkeit zu erreichen. Dieser Aspekt wird umso wichtiger, je stärker der Druck wird und je mehr die Unsicherheit steigt.

## Kommunikation in Zeiten der Pandemie

Ein Paradebeispiel ist zweifellos die Corona-Krise. Niemals zuvor war es so unsicher, was alleine in der nächsten *Woche* passieren wird. Das macht so gut wie jede Planung obsolet. Bei Lattoflex mussten wir innerhalb weniger Monate

»Bevor du sprichst, lasse deine Worte durch drei Tore schreiten. Sind sie wahr? Sind sie notwendig? Sind sie freundlich?«

Rumi

sage und schreibe acht Mal die gesamte Jahresplanung über-
arbeiten und teilweise komplett verwerfen, weil sich die Lage
wieder einmal geändert hatte. Wie lange geht der Lockdown
weiter? Wann können wir endlich wieder normal arbeiten?
Diese und ähnliche Fragen trieben selbstverständlich in der
Folge jedes Mal meine Führungskräfte und Mitarbeiter um.
Ohne Frage ein enormer Stress für alle Beteiligten quer durch
alle Strukturen. Vielen anderen Unternehmen wird es im
Zuge der Pandemie ähnlich ergangen sein.

Daher finde ich es gerade in schwierigen Zeiten so wichtig, dass die Unternehmensleitung und die Führungsebene
größtmögliche Klarheit vorgeben. An ihnen orientieren sich
alle anderen – sie sind gewissermaßen die Tour-Guides, die
einen frisch kalibrierten Kompass dabei haben und daher
den Routenplan verständlich darlegen und die Richtung entschlossen vorgeben können. Es gibt bereits erste Untersuchungen, inwiefern die Corona-Pandemie die interne Kommunikation beeinflusst hat[2], doch vermutlich haben Sie in
Ihrem Unternehmen selbst die Erfahrung gemacht, wie bedeutsam es ist, in Zeiten von Homeoffice und Lockdowns
den Kontakt zueinander aufrecht zu erhalten, sich noch besser abzustimmen als bisher und den Teamgeist über gemeinsame Gespräche zu stärken. Mein Team und ich haben diese
Herausforderung angenommen und meiner Meinung nach
ganz gut gemeistert, wir haben alle viel in puncto Digitalisierung dazulernen dürfen, ich habe viel mehr technisches
Equipment als früher – auch für meine Coaching-Tätigkeit –,
und alles in allem mussten wir eben auch hier herausfinden,
was für uns funktioniert und was nicht.

## Führungsverantwortung in Worten

In unseren zahlreichen Onlinemeetings habe ich stets versucht, meine Mitarbeiter ins Boot zu holen und alle Beteiligten offen und ehrlich auf den aktuellen Stand zu bringen. Im Grunde so, wie ich es im persönlichen Meeting auch getan hätte. Ich habe festgestellt: Es ist nicht dasselbe, aber es ist immerhin eine Chance für Austausch und auch Nähe, wenn wir uns darauf einlassen. Natürlich verschwindet dadurch allein die Krise im Außen nicht, aber ein transparenter Austausch hilft dabei, dass alle bei der Stange bleiben und sich für das erklärte Ziel einsetzen. Durch Diskussionen und Feedback verschwenden wir zudem nicht unnötig Energie durch Reibungsverluste zwischen Abteilungen. Das spart Zeit und Nerven.

Damit wir in unseren Unternehmen Klarheit auf allen Ebenen erlangen können, müssen Führungskräfte die Kommunikation intern sichern, sodass sich möglichst keine Silos bilden und die Leute in verschiedene Richtungen arbeiten. Also nicht nur das Sprachrohr der Unternehmensleitung über Verlautbarungen sein, sondern authentisch und transparent kommunizieren. Sonst entsteht massiver Flurfunk – oder besser: Flüsterpost –, und am Ende weiß keiner mehr, was wirklich Sache ist. Wir brauchen demnach wohlüberlegte interne Kommunikationsmaßnahmen.

Auch das hat im Grunde mit dem Thema Tiefgang zu tun: Wir können in unserer Kommunikation natürlich an der Oberfläche bleiben, mit Worthülsen, Schönfärberei oder gar Augenwischerei, und uns über eine Corporate Identity und ein spezielles »Wording« in der Kommunikation nach außen einigen – aber was sagt das über uns als Firma aus? Wissen unsere Mitarbeiter dadurch, was der Sinn und Zweck der ganzen Unternehmung ist? Warum wir das tun, was wir tun? Ich denke nicht. Doch wenn wir auch in der Kommunikation mehr Tiefe zulassen, also zum Beispiel als Führungskräfte gerade in Krisenzeiten Informationen für alle offenlegen, können wir uns gemeinsam um die anstehenden Probleme kümmern. Jeder setzt sich für das gesteckte Ziel und für seine Kollegen ein und leistet seinen Beitrag, weil allen klar ist, dass wir uns mit vereinten Kräften freirudern müssen.

## Die Macht der Worte

Worte sind viel mehr als eine Aneinanderreihung von Buchstaben. Worte bestimmen unsere Welt, sie sind das Mittel der Kommunikation – auch wenn wir unterschwellig andere Signale auffangen können. Worte haben Bedeutung, manchmal wiegen sie sogar schwer. Sie lösen Emotionen aus und können die Wahrnehmung der Menschen verändern. Die großen Werbetexter der vergangenen hundert Jahre wussten sehr genau, dass es bei einem guten Werbebrief auf jedes einzelne Wort ankommt. Synonyme haben vielleicht eine ähnliche Definition, können jedoch im Kopf eines Menschen ganz andere Reaktionen hervorrufen. Nicht umsonst legen Werbe- oder PR-Kampagnen so großen Wert auf die sorgfältige Wortwahl.

Worte sind machtvoll. Es ist eben nicht egal, was wir sagen und wie wir es sagen. Und nur weil ein Wort als Synonym eine ähnliche Definition hat, bedeutet es noch lange nicht, dass es in der Bedeutung für einen Menschen gleich ist. Oft verwenden wir in unserem Unternehmensalltag Worthülsen. Modebegriffe, wie sie gerade aktuell zum Beispiel im Management verwendet werden. Ich habe vor vielen Jahren an einem Seminar über Start-up-Unternehmen teilnehmen dürfen. Dort wurde gefachsimpelt über »KPI« und »Scrum«. Da gab es Fragestellungen, wie man seinen »Growth Hack« definieren könnte. Und selbstverständlich sollten alle Teilnehmer doch mal »out of the box« denken. Das mag etwas überspitzt klingen und mir ist durchaus bewusst, dass es die Kommunikation erheblich erleichtern kann, wenn eingeführte Fachbegriffe von allen gleichermaßen genutzt werden. Doch oft genug scheint es mir, ist eben nicht jedem klar, was wirklich gemeint ist, aber die Leute wollen ihr Gesicht wahren und fragen nicht weiter nach. Das ist eine schlechte Basis für Klarheit.

Wenn Sie Kommunikationsfehler in all ihrer Pracht bewundern wollen, schauen Sie sich vor den nächsten Wahlen doch mal die politischen Kampagnen der einzelnen Parteien genauer an. Die Slogans verfehlen oft ihre Wirkung, weil überhaupt nicht klar ist, was damit gemeint sein soll oder wie man irgendetwas davon umsetzen sollte. Und auch Werbekampagnen stiften so manches Mal mehr Verwirrung als Nutzen. Nehmen wir zum Beispiel die Verständlichkeit von englischsprachigen Werbeslogans bei den Konsumenten in Deutschland. Bereits im Jahr 2003 zeigte eine Studie der Kölner PR-Agentur Endmark: Weniger als die Hälfte der Befragten verstehen sie.[3] Dieses Ergebnis schockierte vermutlich viele Unternehmen. Ein Beispiel: »Come in and find out«. Dieser Werbespruch der Parfümeriekette Douglas wurde von den meisten Befragten falsch übersetzt mit: »Komm herein und finde wieder raus«. Klar, im ersten Moment schmunzelt man darüber, doch in dieser Erkenntnis sehe ich eine deutliche Botschaft: Wir senden Worte an andere Menschen mit dem Ziel, dass sie unsere Ideen verstehen. Dabei sollten wir es ihnen so leicht wie möglich machen.

Falls Sie nun einwenden, das habe sich ja wohl über die Jahre gewandelt, weil immer mehr Menschen im deutschsprachigen Raum Englisch können, muss ich Sie leider enttäuschen. Das ernüchternde Ergebnis der Endmark-Claimstudie 2016: Über 60 Prozent der Befragten verstehen englische Werbesprüche nicht, und nicht einmal 30 Prozent schaffen es, eine korrekte Übersetzung abzuliefern. Wobei in puncto Werbung offenbar unabhängig von der Sprache eine Menge Verwirrung herrscht. Denn weniger als die Hälfte gab an, ungefähr oder genau zu wissen, was mit deutschen Werbeslogans gemeint sein soll.[4] Klarheit sieht anders aus, oder?

Ich erinnere mich noch gut an eine unserer Werbekampagnen mit dem brandneuen Slogan: »Wir lieben die Einzigartigkeit!« Was waren wir von uns selbst begeistert! Zweifellos ist dies einer unserer Kerngedanken bei Lattoflex: ein Bett, das sich jedem Menschen individuell anpasst. Das Problem war nur, dass unsere Botschaft komplett ihre Wirkung verfehlte. Die Menschen verstanden sie nicht richtig: »Wie einzigartig? Was bedeutet das denn für mich? Und was hat das mit einem Bett zu tun?« Letztlich mussten wir unsere Werbung schnell wieder ändern. Die bittere Lektion hat uns gezeigt: Wirksamkeit steigt in dem Maß, wie wir in der Lage sind, Worte zu verwenden, die eine Bedeutung im Gehirn des Empfängers auslösen. Aus einer inneren Klarheit unsere Wahrheiten und Erkenntnisse in die Welt zu tragen bedeutet, die richtigen Worte zu finden und zudem darauf zu achten, wer der Empfänger dieser Botschaften ist.

## Die Kunst der Kommunikation

Häufig höre ich in Coachings Beschwerden wie: »Niemand hört mir zu!«, »Ich hatte die bessere Idee, konnte mich aber nicht durchsetzen.«, »Unsere Konkurrenz hat das deutlich schlechtere Produkt, verkauft aber viel mehr. Wie kann das bloß sein?«, »Ich weiß genau, was ich mir in meiner Beziehung wünsche – aber ich habe das Gefühl, meinen Partner nicht zu erreichen.«

Die zentrale Frage lautet: Wie machen wir uns verständlich? Unser Gegenüber muss unserer Meinung ja nicht zustimmen, es geht also nicht darum, andere zu überzeugen oder zu manipulieren, sondern darum, sich klar auszudrücken.

Die Kunst der Kommunikation, also die Wortwahl und die Art und Weise, wie wir unsere Ideen übermitteln können, ist so unglaublich wichtig – und leider in unserer Ausbildung so unterbewertet. Ich bin der festen Überzeugung, wir sollten uns bereits in der Schule, aber auch in unserem späteren Leben um die Wirkung unserer Kommunikation auf andere

Menschen kümmern. Denn ohne kommunikative Fähigkeiten haben wir immense Nachteile.

Nehmen wir nur mal die unzähligen Präsentationen, die einfach heruntergeleiert werden, als wären sie eine Strafarbeit – wir kennen sie doch alle zur Genüge. Dabei sollte doch in einem Meeting bei unseren Kollegen »etwas rüberkommen«, nämlich unsere Botschaft, unsere neue Idee. Doch entweder fehlen uns die grundlegenden Fähigkeiten, um eine solide Präsentation zu erstellen, oder uns fehlt die Klarheit – und manchmal kommt tragischerweise beides zusammen. In jedem Fall wollen wir das Ganze möglichst schnell hinter uns bringen. Das merkt unser Publikum natürlich. Kein Wunder, dass die Teilnehmer verwirrt sind oder geistig abdriften, auf ihrem Smartphone herumtippen und uns, wenn überhaupt, nur mit einem halben Ohr zuhören. Vermutlich kann ein Großteil nach dem Meeting nicht mehr sagen, worum es bei dem Vortrag ging.

## Worthülsen ohne Kern

Konfuzius sagte einst: »Wer Geist hat, hat sicher auch das rechte Wort, aber wer Worte hat, hat darum noch nicht notwendig Geist.« Besser als dieser altehrwürdige chinesische Gelehrte kann man es wohl kaum auf den Punkt bringen. Es ist sehr leicht, in Ansprachen oder bei Vorträgen von »Nachhaltigkeit« zu reden, ohne daraus irgendeine innere Haltung oder gar eine Handlung ableiten zu müssen. Worten müssen ja nicht zwangsläufig Taten folgen, scheint bei vielen nach wie vor die Devise zu sein. Hauptsache, es klingt ernst und wohlüberlegt. Ich finde, wer es mit der Nachhaltigkeit wirklich ernst meint, muss dieses Wort in der Kommunikation nicht mehr verwenden oder gar darauf herumreiten. Stattdessen kann er konkrete Projekte benennen, die diesem Ziel untergeordnet sind, und jeder würde verstehen, worum es im Kern geht. Gepaart mit seiner Quelle, seinem Warum, entfaltet dies eine unglaubliche Anziehungskraft – im Gegensatz zu einem leicht dahingesagten Slogan ohne Herz.

Nicht nur für Führungskräfte gilt: Auf Worthülsen in der Kommunikation sollten wir tunlichst verzichten, denn symbolische Formulierungen durchschauen andere Menschen sofort. All die Phrasen, die man gemeinhin heute so sagt, die jedoch keinerlei konkrete Handlungsabsicht beinhalten. Vielleicht haben Sie sogar selbst früher in Meetings mal Buzzword-Bingo – auch Bullshit-Bingo genannt – gespielt? Ich fand das großartig, ich gebe es offen zu. Die Idee ist im Silicon Valley entstanden, und es gab und gibt jede Menge Vorlagen mit »hippen« Schlagworten oder leeren Floskeln für die verschiedensten Anlässe. Worte wichtig klingen lassen und aufbauschen, um andere zu beeindrucken, das sollten wir doch gar nicht nötig haben, schon gar nicht in der internen Kommunikation.

## Mehr Klartext

Einer meiner großen Lehrer für wirkungsvolle Kommunikation ist Dan Kennedy, einer der bestbezahlten Werbetexter der USA. Er brachte es einst so auf den Punkt: »Das Maß an Beeinflussung wird definiert durch das Maß an Konkretheit!« Das bedeutet, wenn wir Menschen für unsere Ideen begeistern wollen, müssen wir Tacheles reden. Das kann ungemütlich werden, denn wir müssen uns dann Fragen stellen wie: Wie viel Umsatz wollen wir im nächsten Jahr konkret machen? Wie stehen wir wirklich dem neuen Projekt in unserem Unternehmen gegenüber? Wie viele Mitarbeiterstunden brauchen wir dafür? In welcher Zeit wollen wir dieses Ziel erreichen? Was sollen Kunden über das neue Produkt denken? Wie viele potenzielle Kunden gibt es überhaupt dafür? Ich kann mir gut vorstellen, dass schon das Durchlesen dieser Fragen bei vielen Menschen ein Grummeln in der Magengegend erzeugt.

Die meisten Projekte scheitern daran, dass keine präzise Formulierung des Ziels vorgenommen wurde, die von allen Beteiligten gleichermaßen verstanden wird. Wenn wir unsere Ziele erreichen wollen, müssen wir klarstellen, was genau die Absicht und was der Zweck der Unternehmung ist. Im ersten Schritt müssen wir das mit uns selbst ausdiskutieren, im nächsten Schritt überzeugen wir unsere Umwelt hoffentlich von unserer Idee und stecken sie mit unserer Begeisterung an. Jede wissenschaftliche Arbeit beginnt mit einer möglichst präzisen Beschreibung und der Begriffsbestimmung des zu untersuchenden Objekts. Genauso sollte der erste Schritt in jedem größeren Projekt eine exakte Definition des angestrebten Ziels sein. Nur dann können wir sicher sein, dass wir alle dasselbe meinen und dasselbe Ziel vor Augen haben.

»Worte sind die mächtigste Droge, welche die Menschheit benutzt.«

Joseph Rudyard Kipling

## Auf der schwammigen, sicheren Seite

In den vergangenen Jahren durfte ich viele Menschen bera-
ten, die Probleme damit hatten, ihre Botschaft in die Welt zu
tragen, sei es bei Werbekampagnen, in sozialen Netzwerken
oder innerhalb ihres Unternehmens. Nach meiner Beobachtung gibt es einen gemeinsamen Nenner, wenn Kommunikation die gewünschte Wirkung beim Empfänger verfehlt: eine
unscharfe und schwammige Beschreibung dessen, was man
eigentlich will.

Zwei Aspekte lassen uns in der Kommunikation oftmals
vor einer Konkretisierung zurückschrecken:

- Je konkreter wir werden, desto messbarer wird das, was
  wir tun. Wenn unser Ziel klar formuliert wird, kann natürlich hinterher irgendjemand daherkommen und prü-
  fen, ob wir das besagte Ziel erreicht oder verfehlt haben.
  Zum Beispiel, wenn wir ein Umsatzziel nennen. Exakt mit
  Euro und Cent zusammen mit einem Zeitziel, wann wir
  diesen Umsatz erreichen wollen. Das ist sehr klar und
  messbar. Stattdessen ziehen sich viele in der Kommunikation ihrer Botschaften hinter ein möglichst schwammiges
  und schwer messbares Ziel zurück, das sie in Worte kleiden, damit möglichst viel Spielraum für Erfolg bleibt.
- Wir sehnen uns im Grunde unseres Herzens nach Harmonie. Konkret zu werden bedeutet aber, Ecken und Kanten zu zeigen oder auch mal Grenzen zu ziehen. Das könnte ja dazu führen, dass andere Menschen sich an unseren
  klaren Worten reiben, sich darüber aufregen, sich ange-

griffen fühlen oder uns sogar verbal attackieren. Da ist es doch wesentlich angenehmer und friedvoller, wenn keine kontroversen Themen angeschnitten werden und wir sehr blumig formulieren, um nur ja niemandem auf die Füße zu treten. Am Ende entsteht ein endloser Eiertanz, aber kein Gespräch. Auch bei Werbekampagnen findet sich dieses Phänomen. Um bloß niemandem zu nahe zu treten, werden die Slogans beliebig und unscharf, mit wohligen Ausdrucksformen.

Rein intuitiv wollen wir so eine exponierende Situation am liebsten vermeiden. Wir möchten nicht auf dem Präsentierteller sitzen und dem Urteil der anderen schutzlos ausgeliefert sein. Deshalb formulieren wir beliebig und schwammig. Doch damit rauben wir unserer Entscheidung und unserem Ziel die Kraft. Gleiches gilt für uns selbst. Wenn wir richtig durchstarten wollen, brauchen wir in uns ein klar formuliertes Ziel. Nur dann können wir unsere Potenziale voll zur Entfaltung bringen, und alles kommt in Bewegung. Wie könnten wir noch kraftvoll handeln, wenn bereits an dieser Stelle die Luft raus ist oder wir uns gegenseitig etwas vormachen?

## Verwirrende Kundenkommunikation

Verwirrung ist ein grundlegender Zustand von Unordnung ohne Ausrichtung und Priorität, doch Menschen mögen Klarheit. Das konnte ich in Bezug auf Kundenkommunikation bereits mehrfach bei der Gestaltung von Internetseiten feststellen: Eine klare Landingpage mit nur einer Botschaft und einem einzigen Ziel funktionieren erfahrungsgemäß besser als Internetseiten mit einer Vielzahl von Angeboten und Informationen, die den Besucher quasi gleichzeitig überrollen (Stichwort: Auswahlparadox). Demzufolge ist unklare Kommunikation einer der großen Bremsklötze auf dem Weg, ins Handeln zu kommen.

Bei einem meiner Coachings zum Thema Marketing befassten wir uns mit der Internetseite eines Unternehmens mit der recht beliebigen und austauschbaren Slogan: »Ihr starker Servicepartner in Ihrer Region«. Das zog einfach nicht, die Absprungraten lagen bei weit über 90 Prozent. Weitere Anstrengungen, etwa über Facebook-Anzeigen Besucher auf die Seite zu locken und zumindest eine Zeit lang auch dort zu halten, waren fehlgeschlagen. Interessanterweise erzielten wir durch eine einzige gezielte Veränderung bereits messbare Erfolge: Wir änderten die Landingpage in »Die zehn wichtigsten Dinge, die erfolgreiche Unternehmen anders machen«. Das führte zu einer Senkung der Absprungraten auf unter 60 Prozent.

Auch bei einer unserer Lattoflex-Werbekampagnen versuchten wir, der Unklarheit entgegenzuwirken. Wir hatten eine Schlafstudie durchgeführt mit einem für uns unglaublichen Ergebnis. Die überwiegende Mehrheit der Testschläfer hatte nach einiger Zeit auf Lattoflex-Produkten keine Rückenschmerzen mehr – oder zumindest nachts nicht. Diese Aussage war zwar schön, aber nicht sonderlich konkret und wäre daher auch nicht sonderlich effektiv gewesen. Damit unsere Zielgruppen etwas damit anfangen konnten, machten wir in der Kundenkommunikation daraus: »Nach vier Wochen auf Lattoflex-Produkten haben 93,8 Prozent aller Testschläfer weniger oder keine Rückenschmerzen!« Diese Botschaft war klar, direkt und wirkungsvoll. Das konnten die Menschen verstehen und wussten, woran sie waren.

## Weniger ist oft mehr

Von dem berühmten Dichter Alexander Pope stammt der weise Spruch: »Worte sind wie Laub – wo sie im Übermaß sind, findet man selten Früchte darunter.« Auch meine Erfahrung zeigt: Wann immer Menschen komplizierte Satzkonstrukte, blumige Adjektive oder kaum verständliche Fachbegriffe verwenden, ist die Idee dahinter oft noch unklar. Wenn Powerpoint-Folien mit unzähligen Aufzählungspunkten daherkommen, am besten noch bunt und animiert, und der Vortragsredner beginnt einen Monolog mit nicht enden wollenden Sätzen und vielfach verschachtelten Strukturen, das Ganze mit allerlei Worthülsen garniert, fehlt dem Ganzen die Klarheit, innen wie außen.

Den Kern unserer Idee oder unseres Anliegens sollten wir in kurzen und einfachen Worten wiedergeben können, damit unser Gegenüber begreifen und verstehen kann, was wir wollen. Das gilt für Werbekampagnen genauso wie für ein Mitarbeitergespräch.

Die Formulierung Ihrer Botschaften ist so etwas wie der Lackmustest Ihrer inneren Klarheit. Hier zeigt sich, wie gut Sie mit dem Kompass für Klarheit gearbeitet haben. Unterziehen Sie Ihre Aufgabenliste, Ihre Ziele, Ihre Wünsche, Ihre Projekte und Ihre großen Visionen diesem Test:

- Lassen sich Ihre Ideen noch konkreter formulieren?
- Können Sie das Ganze noch weiter verdichten, ohne dass wesentliche Informationen verloren gehen?
- Wo gibt es noch Unklarheiten, die Sie beseitigen müssen?

Hüten Sie sich vor all den üblichen Ausreden, warum es doch ganz gut wäre, an dieser oder jener Stelle weich und schwammig zu formulieren.

## Mut und Tatkraft

Niemals in der Geschichte sind Menschen bereit gewesen, sich mit voller Energie und Leidenschaft für die Erreichung eines Ziels einzusetzen, das schwammig und beliebig war. Weder Kriege noch Revolutionen oder andere soziale oder politische Bewegungen sind aus einer unklaren Position heraus gestartet. Das gesetzte Ziel war von Anfang an klar: Eroberung, Umsturz, Weltrettung, Gleichberechtigung, ein neues politisches System, Abschaltung der Atomkraftwerke oder das Verhindern einer neuen Autobahn. Alles klar auf den Punkt!

Kommunikation und der Impuls zur Umsetzung eines Vorhabens finden auf verschiedenen Ebenen statt. Sie sind nach außen, also in Richtung der Kunden oder Partner, ebenso wie nach innen gerichtet, etwa in einem Projektteam. Die Kernelemente bleiben immer dieselben, und die Basis ist stets größtmögliche Klarheit. Konkrete Ziele katapultieren uns allein, aber auch in der Gruppe auf eine neue Ebene der Klarheit, weil wir uns befreit fühlen. Dann können wir es auch besser aushalten, sollten uns manchmal die Knie weich werden aus Sorge, das Ziel doch zu verfehlen oder uns zu viel vorgenommen zu haben.

Meine Prämisse bei der Kommunikation lautet seit vielen Jahren: Werde so konkret, dass es wehtut. Damit meine ich nicht, dass wir mit unseren Worten andere verletzen sollten – Feinfühligkeit darf schon sein und ist in der Regel auch effektiver als die Holzhammermethode. Egal ob wir in einem Projektmeeting zusammensitzen oder zum Jahreswechsel Pläne für das nächste Jahr schmieden, immer sind wir aufgerufen, für alle Beteiligten Klarheit zu schaffen. Wir müssen Farbe bekennen und deutlich sagen, wo wir derzeit stehen, wohin wir im Moment wollen und was genau jetzt zu tun ist – und dabei entsprechend unserer inneren Werte handeln.

Denn ebenso wie der erste Schritt zur Klarheit – die Ordnung in unserem Inneren – gerne übersprungen wird, wird oft vergessen, letzten Endes ins Handeln zu kommen. Wir haben eine großartige Erkenntnis über das Leben oder unser Unternehmen, und doch sitzen wir weiterhin tatenlos herum. Dann hätten wir uns all das Nachdenken auch sparen können! Mit Handeln meine ich jedoch nicht hektische Betriebsamkeit oder blinden Aktionismus, sondern ein Handeln auf Basis einer tiefen, klaren Erkenntnis, die uns dazu befähigt, kraftvoll diese Welt zum Besseren zu verändern.

## TEILE DIE WOLKEN ...
### Kernideen für klarere Sicht

- Es erfordert Mut, konkret zu sein, da wir uns dadurch angreifbar und messbar machen.

- Die Quelle, aus der wir unsere Botschaft senden, kann nicht von unseren Worten getrennt werden. Sie entscheidet, wie die Botschaft beim Empfänger ankommt.

- Je klarer wir unsere Botschaften formulieren, desto größer ist die Wahrscheinlichkeit, dass wir von unserem Gegenüber verstanden werden.

- Gerade in Zeiten von Unsicherheit im Außen sind klare Botschaften und Entschlossenheit die Schlüssel für eine gute Krisenbewältigung.

- Wir sollten Worthülsen vermeiden und stattdessen nachvollziehbar und verständlich beschreiben, was genau unser Anliegen ist.

## ... UND FINDE DEN WEG
### Mit fünf konkreten Maßnahmen
### eindeutiger kommunizieren

1. Wenn Sie eine klare Botschaft in die Welt senden wollen, kommen Sie nicht umhin, Ihre Quelle zu ergründen. Woher kommen Ihre Gedanken, woraus speisen Sie sich? Mit welchen Emotionen gehen Sie auf Ihr Ziel zu? Wenn Sie an diesem Punkt noch Schwierigkeiten haben, Antworten auf diese und ähnliche Fragen zu Ihrem Innersten zu finden, sollten Sie sich noch einmal intensiv mit dem ersten Wolkenteiler, der Selbstreflexion, beschäftigen.

2. Beobachten Sie in den nächsten sieben Tagen jede fehlgeschlagene Kommunikation. Analysieren Sie schonungslos, was Ihre Quelle dieser Kommunikation war. Aus welchem Gefühl heraus haben Sie gesprochen? Gab es Angst und Unsicherheit? Eigene Unklarheit? Erkennen Sie einen Zusammenhang zwischen Quelle und Botschaft?

3. Nehmen Sie sich in den nächsten Tagen Zeit und formulieren Sie Ihre Ziele und Projekte in klaren, einfachen Worten. Stellen Sie sich vor, Sie müssten Ihre Ziele in 30 Sekunden einer völlig fremden Person kommunizieren und dürften dabei keinerlei Bilder oder andere Hilfsmittel verwenden.

4. Bevor Sie Ihre nächste Präsentation halten und die ersten Folien auf Powerpoint zusammenklicken, schreiben Sie in maximal fünf Sätzen die Kerninhalte und Ziele Ihrer Präsentation auf. Erst danach beginnen sie, die Folien zu befüllen und zu gestalten.

5. Wenn Sie ein neues Projekt starten und Ihr Team dafür begeistern wollen, ist es richtig und klug, an den Ursprung zu gehen. Beantworten Sie erst einmal für sich ganz in Ruhe ein paar Fragen: Warum ist dieses Projekt wichtig für Sie? Was begeistert Sie persönlich daran? Warum finden Sie es inspirierend, wenn Sie sich gemeinsam mit Ihrem Team um diese Aufgaben kümmern? Sobald Sie sich darüber im Klaren sind, können Sie konkret formulieren, was jetzt zu tun ist.

Auf *www.wolkenteiler.de* ergänze ich regelmäßig meine Tipps und Tricks zum Thema Kommunikation und stelle weitere Informationen bereit. Wenn Sie dazu beitragen möchten, dass die Inhalte noch mehr Menschen zu Klarheit verhelfen, schreiben Sie mir gerne Ihre Fragen, Anregungen und Wünsche. Die Kontaktmöglichkeiten auf der Webseite können Sie gar nicht verfehlen!

# EIN CREDO
# FÜR DAS LEBEN

»Es kommt nicht darauf an, dem Leben
mehr Jahre zu geben, sondern den Jahren
mehr Leben zu geben.«

Alexis Carre

Kürzlich fragte mich ein Journalist in einem Podcast-Interview, was mein Credo fürs Leben sei. Darüber musste ich eine Weile nachdenken und antwortete dann: »Zuhören, lernen und handeln – und zwar genau in dieser Reihenfolge. Aber ohne, dass eine Sache wichtiger wäre als die andere.« Als Erstes müssen wir zuhören wollen – unserer inneren Stimme, aber auch unseren Mitmenschen. Es braucht also die innere Bereitschaft, eine Botschaft zu empfangen, Zeilen aus einem Buch aufzunehmen oder den Ausführungen einer anderen Person zu lauschen. Es ist mein tiefer Wunsch, dass Sie nach der Lektüre mit einem veränderten Blick auf Ihr Leben und Wirken schauen und eine neue Inspiration erfahren haben, um eine neue Ebene von Klarheit in Ihrem Leben zu erreichen.

Ich kann es gar nicht oft genug betonen: In der heutigen Zeit ist nichts wichtiger als Klarheit – innen wie außen. Ich weiß, diese Forderung klingt überwältigend und mein Wunsch mutet regelrecht utopisch an. Denn selten waren unsere Wege so unklar, und selten wussten wir so wenig über unsere Zukunft. Die Chance, aus nahezu unendlichen Möglichkeiten wählen zu können, belastet uns oft so sehr, dass wir lieber gar keinen neuen Weg einschlagen, weil er sich als falsch herausstellen könnte. Wie erstarrt stehen wir da und wüssten nur zu gern, wohin unsere Reise gehen soll.

Krisen und unvorhergesehene Situationen sind Teil unseres Lebens. Sie sind nicht die Ausnahme, sondern integraler Bestandteil unserer Reise von der Geburt bis zu unserem Tod. Egal wie sehr wir uns anstrengen und wie viel wir auch lernen werden, das Leben wird uns immer wieder mit neuen

Aufgaben überraschen. Ob uns das gefällt oder nicht. Und das ist gut so. Wo wären wir ohne all die vielen Aufgaben entlang unseres Wegs, die uns immer wieder aufs Neue herausfordern? Nur so ist eine Weiterentwicklung möglich.

Für mich war dieses Buchprojekt eine ganz besondere Reise durch mein Leben und meine persönliche Entwicklung. Ich habe versucht, all das zu bündeln, was ich in den vergangenen Jahrzehnten aus den unterschiedlichsten Quellen und persönlichen Begegnungen lernen durfte. Aus all diesen Einzelteilen habe ich den Kompass der Klarheit zusammengesetzt. Ich hoffe, dass die fünf Wolkenteiler auch Sie bei der Suche nach innerer und äußerer Klarheit unterstützen. Mein Ziel war es, Ihnen bei jedem der fünf Schritte zur Klarheit viele Inspirationen und Anregungen zu geben, die Sie im Unternehmensalltag anwenden können. Ist das Buch deswegen perfekt und vollkommen? Nein, natürlich nicht. Es gibt immer wieder Neues zu entdecken und zu lernen, Ebenen detaillierter zu erkunden und tiefere Erkenntnisse zu gewinnen. Trotzdem ist es wichtig, irgendwo anzufangen. Wenn Sie also irgendetwas berührt und angesprochen hat, freut mich das sehr! Legen Sie vertrauensvoll los, alles andere wird sich finden.

Wir brauchen unbedingt mehr Menschen in unseren Unternehmen, aber auch in unserer Gesellschaft im Allgemeinen, die keine Angst haben, weil sie Klarheit darüber gewonnen haben, was als Nächstes zu tun ist. Sie nehmen ihre Gedanken und Gefühle bewusst wahr, statt sie zu unterdrücken – und falls sich auf ihrem inneren See ein paar Wellen bilden, weil unerwartet Steine hineingeworfen wurden, lassen sie sich davon nicht beirren. Sie haben ihren Wertekompass sorgfältig kalibriert und fokussieren sich gezielt, um die Zukunftsvisionen, die sie mutig entwickelt haben, zu durchdenken. Deshalb sehen sie ihren Weg klar vor sich und singen ihr Lied – laut und deutlich.

Ich wünsche Ihnen von Herzen eine spannende Reise auf Ihrem Weg zur Klarheit mit zahlreichen neuen und verblüffenden Erkenntnissen auf persönlicher wie beruflicher Ebene. Lassen Sie sich freudig auf das Abenteuer Leben ein und vergessen Sie niemals, das Ganze nicht allzu ernst zu nehmen. Lebenslust und Lebensfreude sind schließlich die besten intrinsischen Motivationsquellen!

# DANK

»Die Wellen hören nie auf – besser du lernst surfen!«, sagte einer meiner Wegbegleiter einst zu mir. Er hatte völlig Recht, die Wellen in meinem Leben waren oft heftig und meist unberechenbar. Zum Glück hatte ich viele Freunde und Begleiter auf meinem Lebensweg und konnte mit ihrer Unterstützung die Wellen des Lebens gut meistern. Oft genug bin ich erst mal mit dem Kopf unter Wasser gelandet und musste mich richtig abstrampeln, um wieder nach oben zu kommen.

Daher bin ich unendlich dankbar für alle helfenden Hände, die mich über die Jahre tatkräftig an die Oberfläche gezogen haben. Das hat mich gelehrt, dass ich nicht alles allein stemmen muss, sondern mich auf meine Vertrauten und Partner verlassen kann. Euch allen gilt mein tiefster Dank!

# ZUM WEITERDENKEN UND WEITERMACHEN

Ich liebe die Möglichkeiten der Digitalisierung, sofern wir sie gezielt einsetzen. Falls in Ihrem Kopf derzeit noch mehr Chaos und Durcheinander herrscht als früher, erinnern Sie sich an das Aufräumprojekt aus Kapitel 3: Es wird besser! Ich stehe zu diesem Versprechen.

## Kostenloses Zusatzmaterial

Damit sich die Wolken für Sie noch schneller teilen, möchte ich Ihnen gerne ein paar praxiserprobte Tools und Hilfestellungen anbieten, die ich für sinnvoll und hilfreich erachte: Checklisten, Übersichten und vieles mehr. Sie eignen sich für unterschiedliche Fragestellungen rund um die Klarheit und unterstützen Sie dabei, Schritt für Schritt Ihr Leben auf eine neue Ebene der Klarheit zu heben – im Kleinen wie im Großen.

Schauen Sie mal auf *www.wolkenteiler.de* vorbei und sehen Sie sich in Ruhe um. Es lohnt sich übrigens, öfter mal einen Blick auf die Webseite zu werfen, denn über die Zeit wird neuer Inhalt dazukommen.

Sie haben weitere Fragen und Anregungen zum Thema Klarheit? Immer her damit! Ich freue mich über Ihren Input. Einfach eine E-Mail an *info@wolkenteiler.de* schicken.

# Tolle Inspirationsquellen

Inspiration und Wissen lässt sich überall finden. Da ich oft danach gefragt werde, welche Werke mich besonders beeinflusst haben, möchte ich Ihnen ein paar Publikationen nennen. Ich habe die Liste nach den fünf Wolkenteilern sortiert.

## Selbstreflexion

Foster, Jeff: *Umarme dein Leben, wie es ist. Nicht das Glück suchen, sondern glücklich sein*, ViaNova Verlag 2018.
  Für mich einer der besten und klarsten Denker für Gegenwärtigkeit – radikal und auf den Punkt.

*Headspace: Eine Meditationsanleitung*, Netflix-Serie, 2021.[1]
  Eine tolle und informative Einführung in die Meditation – besonders für Anfänger geeignet.

Suzuki, Shunryu u. a.: *Zen-Geist Anfänger-Geist: Einführung in Zen-Meditation*, Theseus 2001.
  Der Klassiker des Zen über Meditation – nehme ich immer wieder gerne in die Hand.

Tolle, Eckhart: *Jetzt! Die Kraft der Gegenwart*, Kamphausen Media 2010.
  Ein Weltbestseller – und sicherlich eines der besten Bücher des Westens.

*Walk With Me*, Dokumentationsfilm über Thich Nhat Hanh, 2017.[2]
  Der berühmte Mönch aus Vietnam in einer inspirierenden Dokumentation.

## Fokussierung

Babauta, Leo: *Zen To Done. The Ultimate Simple Productivity System*, Phatbits, LLC 2012.
  Besser kann man effektive Fokussierung in seinem Tun kaum auf den Punkt bringen.

*Fields Millburn, Joshua und Ryan Nicodemus: Minimalismus: Der neue Leicht-Sinn, Gräfe und Unzer Verlag 2018.*

Das Buch zur Minimalismusbewegung – endlich auch auf Deutsch verfügbar.

*Minimalism: A Documentary About the Important Things, 2016.[3]*

Ich bin ein echter Fan von den Gründern der Minimalismusbewegung. Buch und Film sind empfehlenswert für alle, die sich intensiv mit Minimalismus und Reduktion beschäftigen wollen.

*Newport, Cal: Konzentriert arbeiten. Regeln für eine Welt voller Ablenkungen, Redline Verlag 2017.*

Eines der besten und tiefgründigsten Bücher über die Gefahren der Ablenkung – hat mich wahrlich begeistert.

*Sinek, Simon: Frag immer erst: warum. Wie Top-Firmen und Führungskräfte zum Erfolg inspirieren, München: Redline Verlag 2014.*

Inzwischen sicherlich ein Klassiker! Super ist auch sein TED-Talk dazu.[4]

## Konzentration

*Allen, David: Wie ich die Dinge geregelt kriege. Selbstmanagement für den Alltag, Piper Taschenbuch 2015.*

Dieses Buch war schon vor zwanzig Jahren einer meiner Rettungsanker in meinem Leben.

*Clear, James: Die 1%-Methode – Minimale Veränderung, maximale Wirkung. Goldmann Verlag 2020.*

Ich freue mich, dass dieses Buch über Routinen endlich auf Deutsch erschienen ist – fundamental für alle Menschen, die etwas verändern wollen!

*Elrod, Hal: Miracle Morning: Die Stunde, die alles verändert, Irisiana 2016.*

Mein absoluter Favorit für Morgenroutinen.

*Kondo, Marie: Magic Cleaning. Wie richtiges Aufräumen Ihr Leben verändert, Rowohlt Taschenbuch 2013.*

Der Weltbestseller über das Aufräumen. Ein toller Ansatz und total befreiend. Für einen ersten Einblick eignet sich die Netflix-Serie *Aufräumen mit Marie Kondo.*[5]

*Sharma, Robin S.: Der 5-Uhr-Club. Gestalte deinen Morgen und in deinem Leben wird alles möglich, O. W. Barth 2019.*
Ein weiteres gutes Buch über Morgenroutinen und für mich immer noch eine Inspiration.

## Entscheidungsfreude

*Dalio, Ray: Die Prinzipien des Erfolgs. FinanzBuch Verlag 2019.*
Inzwischen das wohl meistverkaufte und meistgelesene Werk über Entscheidungshilfen durch klare Prinzipien.

*Kim, W. Chan und Renée Mauborgne: Der Blaue Ozean als Strategie: Wie man neue Märkte schafft, wo es keine Konkurrenz gibt. Carl Hanser Verlag 2016.*
Das wichtigste Strategiebuch der vergangenen zwanzig Jahre – für mich ein Muss auf dem Weg zu einer klaren Zukunftsentscheidung.

## Tatkraft

*Asmus, Frank: Impact: Wie Sie sich und andere überzeugen – Power of Influence, Goldegg Verlag 2021.*
Ein Meister der klaren Kommunikation – hier mit seinem Buch zu Überzeugungsstrategien.

*Godin, Seth: Linchpin: Are You Indispensable?, Portfolio 2010.*
Ich habe unendlich viel von Seth Godin lernen dürfen – und dies ist und bleibt mein Lieblingsbuch von ihm.

*Hopkins, Claude C.: Scientific Advertising: Complete and Unabridged, Wilder Publications 2010.*
Eines der ersten Bücher über wirksame Kommunikation, erstmals erschienen anno 1923. Fast hundert Jahre alt und immer noch eine Quelle der Weisheit.

*Ries, Al und Jack Trout: Positioning: Wie Marken und Unternehmen in übersättigten Märkten überleben, Vahlen 2012.*
Die beiden Begründer der Idee der Positionierung. Oft kopiert, nie erreicht. Deshalb hier eine klare Empfehlung.

# ANMERKUNGEN

## 1 Selbstreflexion

1 Ryan, Richard M. und Edward L. Deci: »Intrinsic and Extrinsic Motivations: Classic Definitions and New Directions«, *Contemporary Educational Psychology* 25/1 (01.01.2000), S. 54–67; »Korrumpierungseffekt«, in: *Wikipedia*, 21.08.2019, https://de.wikipedia.org/w/index.php?title=Korrumpierungseffekt&oldid=191559598 (zugegriffen am 23.04.2021).

2 »Kompensation (Psychologie)«, in: *Wikipedia*, 29.01.2021, https://de.wikipedia.org/w/index.php?title=Kompensation_(Psychologie)&oldid=208194714 (zugegriffen am 23.04.2021).

3 Csikszentmihalyi, Mihaly: Flow. Das Geheimnis des Glücks, Klett-Cotta 2019.

4 TEDx Talks: »Holacracy: A Radical New Approach to Management | Brian Robertson«, 2015, https://www.youtube.com/watch?v=tJxfJGovkI (zugegriffen am 21.04.2021).

5 Allen, David: Wie ich die Dinge geregelt kriege: Selbstmanagement für den Alltag, München: Piper Taschenbuch 2015.

6 Koenig-Robert, Roger und Joel Pearson: »Decoding Nonconscious Thought Representations during Successful Thought Suppression«, *Journal of Cognitive Neuroscience* 32/12 (01.12.2020), S. 2272–2284.

7 Zeigarnik, Bluma: »Das Behalten erledigter und unerledigter Handlungen«, *Psychologische Forschung* 9/1 (1927), S. 1–85; »Zeigarnik-Effekt«, in: *Wikipedia*, 02.12.2020, https://de.wikipedia.org/w/index.php?title=Zeigarnik-Effekt&oldid=206167381 (zugegriffen am 23.04.2021).

8 Clifford, Catherine: »Bill Gates took solo ›think weeks‹ in a cabin in the woods—why it's a great strategy«, *CNBC*, 28.07.2019, https://www.cnbc.com/2019/07/26/bill-gates-took-solo-think-weeks-in-a-cabin-in-the-woods.html (zugegriffen am 23.04.2021).

9 Porter, Lewis: »A Deep Dive into John Coltrane's ›A Love Supreme‹ by

His Biographer, Lewis Porter (Pt. 1)«, *WBGO*, 17.07.2020, https://www.wbgo.org/music/2020-07-17/a-deep-dive-into-john-coltranes-a-love-supreme-by-his-biographer-lewis-porter-pt-1#stream/0 (zugegriffen am 23.04.2021); Jose Bernardez: »Saint John Coltrane – A Love Supreme – BBC Documentary (2004)«, 31.10.2018, https://www.youtube.com/watch?v=XUVPmfkNbm4 (zugegriffen am 23.04.2021).

10  Allemann, Marc: »Das Haus des Carl Gustav Jung«, *St.Galler Tagblatt* (14.12.2011), https://www.tagblatt.ch/ostschweiz/stgallen-gossau-rorschach/das-haus-des-carl-gustav-jung-ld.739835 (zugegriffen am 23.04.2021).

11  Mackey, John: »Passion and Purpose: John Mackey, CEO of Whole Foods Market, on the Power of Conscious Capitalism«, Sounds True, 2009.

12  »Famous People Who Meditate«, www.ranker.com, 13.09.2019, https://www.ranker.com/list/celebrities-who-meditate/celebrity-lists (zugegriffen am 20.04.2021); »17 Celebrities You Never Knew Who Meditate Daily For Success«, *Doing Meditation*, 16.05.2017, http://doingmeditation.com/celebrities-who-meditate/ (zugegriffen am 20.04.2021).

## 2  Fokussierung

1  Wilson, Timothy D. u. a.: »Just think: The challenges of the disengaged mind«, *Science* 345/6192 (04.07.2014), S. 75–77; Whitehead, Nadia: »People would rather be electrically shocked than left alone with their thoughts«, *Science*, 03.07.2014, https://www.sciencemag.org/news/2014/07/people-would-rather-be-electrically-shocked-left-alone-their-thoughts (zugegriffen am 21.04.2021).

2  Saunders, Fenella: »Multitasking to Distraction«, *American Scientist* 97/6 (2009), https://www.americanscientist.org/article/multitasking-to-distraction (zugegriffen am 23.04.2021).

3  Vanderberg, Madison: »18 celebrities who have quit social media and why«, *Insider* (06.01.2020), https://www.insider.com/celebrities-who-quit-social-media-twitter-2018-8 (zugegriffen am 20.04.2021).

4  »Studie: So süchtig machen WhatsApp, Instagram und Co.«, *Pressemitteilung DAK*, 01.03.2018, https://www.dak.de/dak/bundesthemen/

onlinesucht-studie-2106298.html (zugegriffen am 23.04.2021); Honey, Christian: »Smartphone-Abhängigkeit: Bin ich süchtig nach meinem Smartphone?«, *Die Zeit*, 09.04.2018, https://www.zeit.de/digital/mo bil/2018-04/smartphone-abhaengigkeit-handysucht-unterschied/ seite-2?utm_referrer=https%3A%2F%2Fwww.google.com%2F (zuge-griffen am 23.04.2021); »Nomophobie«, in: *Wikipedia*, 24.01.2021, https://de.wikipedia.org/w/index.php?title=Nomophobie&oldid= 208022018 (zugegriffen am 23.04.2021).

5  Flatow, Ira: »The Myth Of Multitasking«, Talk of the Nation, 10.03.2013, https://www.npr.org/2013/05/10/182861382/the-myth-of-multitasking (zugegriffen am 23.04.2021).

6  Price, Catherine: Endlich abschalten: Warum Urlaub vom Smart-phone uns Zeit, Glück und Liebe schenkt, Rowohlt Taschenbuch 2018.

7  Napier, Nancy K.: »The Myth of Multitasking«, *Psychology Today*, 2014, http://www.psychologytoday.com/blog/creativity-without-bor ders/201405/the-myth-multitasking (zugegriffen am 23.04.2021).

8  Charron, Sylvain und Etienne Koechlin: »Divided Representation of Concurrent Goals in the Human Frontal Lobes«, *Science* 328/5976 (04.2010), S. 360–363; Courage, Mary L. u.a.: »Growing up multitas-king: The costs and benefits for cognitive development«, *Developmen-tal Review* 35 (01.03.2015), S. 5–41; Ophir, Eyal, Clifford Nass und An-thony D. Wagner: »Cognitive control in media multitaskers«, *Proceedings of the National Academy of Sciences of the United States of America* 106/37 (15.09.2009), S. 15583–15587.

9  Loder, Vanessa: »Why Multi-Tasking Is Worse Than Marijuana For Your IQ«, *Forbes Online* (11.06.2014), https://www.forbes.com/sites/ vanessaloder/2014/06/11/why-multi-tasking-is-worse-than-marijuana -for-your-iq/?sh=61b4dde77c11 (zugegriffen am 23.04.2021).

10 Schimanski, Annette: »Piloten dürfen bei Start und Landung keinen Smalltalk halten«, *Travelbook*, 07.06.2018, https://www.travelbook.de/ fliegen/der-traurige-grund-weshalb-piloten-manchmal-nicht-mitei nander-reden-duerfen (zugegriffen am 23.04.2021).

11 Craig, Jayne, Fiesta Clanton und Marylee Demeter: »Reducing inter-ruptions during medication administration: The White Vest study«, *Journal of Research in Nursing* 19 (15.04.2013), S. 248–261; Westbrook, Johanna I u.a.: »Effectiveness of a ›Do not interrupt‹ bundled interven-tion to reduce interruptions during medication administration: a clus-

ter randomised controlled feasibility study«, *BMJ Quality & Safety* 26/9 (09.2017), S. 734–742.

12 Pattinson, Kermit: »Worker, Interrupted: The Cost of Task Switching«, *Fast Company*, 28.07.2008, https://www.fastcompany.com/944128/worker-interrupted-cost-task-switching (zugegriffen am 23.04.2021).

13 Simons, Daniel und Christopher Chabris: »Gorillas in Our Midst: Sustained Inattentional Blindness for Dynamic Events«, *Perception* 28/9 (1999), S. 1059–1074; Drew, Trafton, Melissa L.-H. Võ und Jeremy M. Wolfe: »The Invisible Gorilla Strikes Again: Sustained Inattentional Blindness in Expert Observers«, *Psychological Science* 24/9 (2013), S. 1848–1853; Daniel Simons: »The Monkey Business Illusion«, 2010, https://www.youtube.com/watch?v=IGQmdoK_ZfY (zugegriffen am 24.04.2021). Wenn Sie es mal selbst ausprobieren wollen, schauen Sie sich das Video auf Youtube an.

14 Han, Qijun: »An overview of Traditional Chinese family ethics«, *Quarterly Journal of Chinese Studies* (2012).

15 Allen, David: *Wie ich die Dinge geregelt kriege: Selbstmanagement für den Alltag*, München: Piper Taschenbuch 2015.

16 Allen, David: a. a. O.

## 3 Konzentration

1 Paschek, Nicole: »Das Gehirn hat immer Hunger«, *DasGehirn.info*, 01.03.2018, https://www.dasgehirn.info/handeln/ernaehrung/das-gehirn-hat-immer-hunger (zugegriffen am 23.04.2021); Howarth, Clare, Padraig Gleeson und David Attwell: »Updated Energy Budgets for Neural Computation in the Neocortex and Cerebellum«, *Journal of Cerebral Blood Flow & Metabolism* 32/7 (07.2012), S. 1222–1232; Harris, Julia J., Renaud Jolivet und David Attwell: »Synaptic Energy Use and Supply«, *Neuron* 75/5 (06.09.2012), S. 762–777.

2 »Gerald Hüther: So geht Umdenken«, *Faironomics*, 16.05.2019, https://www.faironomics.de/gerald-huether/ (zugegriffen am 23.04.2021).

3 Clear, James: Die 1%-Methode – Minimale Veränderung, maximale Wirkung: Mit kleinen Gewohnheiten jedes Ziel erreichen – Mit Micro Habits zum Erfolg, Goldmann Verlag 2020.

# 4 Entscheidungsfreude

1 Schwartz, Barry: »The paradox of choice«, 2005, https://www.ted.com/talks/barry_schwartz_the_paradox_of_choice (zugegriffen am 23.04.2021).

2 Iyengar, Sheena S. und Mark R. Lepper: »When choice is demotivating: Can one desire too much of a good thing?«, *Journal of Personality and Social Psychology* 79/6 (12.2000), S. 995–1006; Scheibehenne, Benjamin, Rainer Greifeneder und Peter Todd: »Can There Ever be Too Many Options? A Meta-analytic Review of Choice Overload«, *Journal of Consumer Research, v.37, 409-425 (2010)* 37 (01.10.2010); Reutskaja, Elena u.a.: »Choice overload reduces neural signatures of choice set value in dorsal striatum and anterior cingulate cortex«, *Nature Human Behaviour* 2/12 (12.2018), S. 925–935.

3 Schwartz: »The paradox of choice« a.a.O.

4 TEDx Talks: »Rory Vaden: How To Multiply Your Time«, 06.01.2015, https://www.youtube.com/watch?v=y2X7c9TUQJ8 (zugegriffen am 20.04.2021); »Procrastinate on Purpose Book | Rory Vaden Ted Talk | Multiply Time«, *Rory Vaden Official Site*, ohne Datum, https://www.roryvaden.com/procrastinate-on-purpose (zugegriffen am 20.04.2021).

# 5 Tatkraft

1 Sinek, Simon: Frag immer erst: warum, Wie Top-Firmen und Führungskräfte zum Erfolg inspirieren, Redline Verlag 2014.

2 Krämer, Katharina und Annette Pfizenmayer: »Interne Kommunikation in Zeiten von Covid-19 : wie die Pandemie die interne Kommunikation verändert hat – eine qualitative Studie« (2020), https://digitalcollection.zhaw.ch/handle/11475/20443 (zugegriffen am 24.04.2021).

3 Volpert, Henrik: »Endmark Trendstudie 2003: ›Come in and find out«, *Handelsblatt Online* (05.09.2003), https://www.handelsblatt.com/unternehmen/industrie/endmark-trendstudie-2003-come-in-and-find-out/2270880.html (zugegriffen am 23.04.2021); Leffers, Jochen: »Denglisch in der Werbung: ›Fahre lebend‹«, *Manager Magazin*

*Online* (30.07.2004), https://www.manager-magazin.de/unternehmen/karriere/a-310947.html (zugegriffen am 23.04.2021).

4 »Claimstudie 2016 | www.endmark.de – Naming Agentur | Claimentwicklung«, ohne Datum, https://www.endmark.de/de/aktuelles/presse/claimstudie-2016/ (zugegriffen am 21.04.2021); Schobelt, Frauke: »Englische Slogans: Unverstanden, aber beliebt«, *W&V online* (25.02.2016), https://www.wuv.de/marketing/englische_slogans_unverstanden_aber_beliebt (zugegriffen am 21.04.2021).

## Zum Weiterdenken und Weitermachen

1 Mehr dazu auf https://www.netflix.com/de/title/81280926 (zugegriffen am 18.04.2021).

2 Mehr dazu auf https://walkwithmefilm.com/ (zugegriffen am 18.04.2021).

3 Mehr dazu auf https://minimalismfilm.com/ (zugegriffen am 21.04.2021).

4 Simon Sinek: How great leaders inspire action«, *TED.com*, 2009, https://www.ted.com/talks/simon_sinek_how_great_leaders_inspire_action (zugegriffen am 23.04.2021).

5 Mehr dazu auf https://www.netflix.com/de/title/80209379 (zugegriffen am 21.04.2021).

# ÜBER DEN AUTOR

Nur wenige Jahre nachdem der erste Lattenrost, Lattoflex in Bremervörde, das Licht der Welt erblickt hatte, wurde auch Boris Thomas geboren: am 9. Juli 1964. Der Erstgeborene erhielt mitten im Kalten Krieg einen russischen Vornamen – was zu großen Diskussionen in der beschaulichen Stadt führte.

Irgendwie blieb dies ein Muster im Leben von Boris Thomas. Früh begeisterte er sich für neue Ideen und Gedanken. Kein Buch war ihm zu »schräg«, um gelesen zu werden. Asiatische Philosophie von Laotse bis zur Bhagawat Gita, selbst politische Denker der Anarchie wie Bakunin oder die spirituelle Literatur von Osho und anderen Zen-Meistern – sie alle wurden schon in frühester Jugend zu seinen Begleitern. Immer getrieben von der Suche nach neuem Wissen und der Frage, was die Menschen und die Welt antreibt, betrat Boris Thomas stets neue, unbekannte Pfade. So besuchte er Zen-Klöster, machte Schweige-Retreats und Meditationsworkshops mit, stürzte sich in innere wie äußere Abenteuer, bestieg den Kilimandscharo und wanderte durch Bhutan.

Nach seinem Studium an der Universität Karlsruhe kehrte der Wirtschaftsingenieur zurück nach Bremervörde und übernahm im Jahr 1992 die Geschäftsleitung von Lattoflex. Dies begriff er als wunderbare Gelegenheit und große Chance, sein Wissen und seine Ideen auf neuen Wegen in die Praxis umzusetzen und stets dazuzulernen. Über die Jahre hat er viel Neues in die traditionelle Firma Thomas hineingetragen. Systemische Aufstellung oder auch Workshops mit Shaolin-Meistern ließen die Marke Lattoflex von innen heraus wachsen und zu dem führenden Unternehmen auf dem Bettenmarkt werden.

Seine Stärke in der Führung war es immer, den Fokus zu schärfen und mit klugen langfristigen Strategien dem Markt immer einen Schritt voraus zu sein. Es gab dabei viele Krisen zu meistern. Immer wieder stand das Unternehmen am Abgrund und musste andere Wege für neues Wachstum suchen. So entstand auch seine Leidenschaft für Krisen: Boris Thomas begann Fehler und das Scheitern an sich zu lieben. Denn rückblickend findet sich in jeder Krise der Keim von etwas Neuem – sofern man die Krise als Lernchance begreift. Speziell in unsicheren Zeiten gelang es ihm immer wieder, Klarheit mit seinem Team zu erarbeiten und konkret die nächsten Schritte zu definieren.

Seine geballte Führungserfahrung möchte er mithilfe von lebhaften und praxisnahen Vorträgen direkt in die Köpfe, vor allem aber in die Herzen seiner Zuhörer bringen. Seine Geschichte und Erkenntnisse sind kein theoretisches Gedankenkonstrukt, sondern gelebte Wahrheit – mit allen Niederlagen und blutigen Nasen, die dazugehören. Boris Thomas hat seine Berufung darin gefunden, dieses Wissen aus der beruflichen Führungspraxis an andere weiterzugeben, um Menschen überall auf dem Globus Mut zu machen, neue Wege zu gehen. Und damit die Welt ein kleines Stückchen besser zu machen.